乳品科普，我相信 @少个螺丝 @奶粉揭秘！

2014-6-25 14:36 来自微博客户端

婴儿奶粉

你应该知道得更多

朱鹏　祁雯昊——著

北京科学技术出版社

图书在版编目（CIP）数据

婴儿奶粉：你应该知道得更多 / 朱鹏，祁雯昊著

. -- 北京：北京科学技术出版社，2025.1

ISBN 978-7-5714-2359-9

Ⅰ.①婴… Ⅱ.①朱… ②祁… Ⅲ.①婴儿食品—乳粉—基本知识 Ⅳ.① TS252.51

中国版本图书馆 CIP 数据核字 (2022) 第 099933 号

策划编辑： 潘海坤
责任编辑： 潘海坤
责任校对： 贾　荣
设计制作： 博越创想
责任印制： 吕　越
出 版 人： 曾庆宇
出版发行： 北京科学技术出版社
社　　址： 北京西直门南大街 16 号
邮政编码： 100035
电话传真： 0086-10-66135495（总编室）
0086-10-66113227（发行部）
网　　址： www.bkydw.cn
印　　刷： 北京捷迅佳彩印刷有限公司
开　　本： 710 mm × 1000 mm　1/16
字　　数： 242 千字
印　　张： 13.25
版　　次： 2025 年 1 月第 1 版
印　　次： 2025 年 1 月第 1 次印刷
ISBN 978-7-5714-2359-9

定　　价： 68.00 元

守护婴幼儿食品安全这条路还很长，

但我们相信每一个科普人

汇聚在一起的洪流！

我们所做的一切都是为了

让奶粉，只是奶粉！

让妈妈们不再为奶粉担惊受怕！

让爸爸们不再为奶粉日夜加班！

自序

时间如同指尖的沙粒，悄然流逝。不经意间，我们已经在乳制品科普的道路上走过了十多个春秋。这十多年，是知识的积累与传播，是信念的坚守与践行，更是对乳制品行业深刻理解的十多年。每当我们回想起这段历程，心中总是充满了感慨与感激。

在这个过程中，我们深刻感受到了科普的力量。通过我们的努力，许多人对乳制品的认知发生了转变，大家更加注重产品的品质与安全，开始学会了如何看配方挑选适合自己的乳制品。

然而，科普之路也并非一帆风顺。期间，我们也经受了不少质疑与误解。有些人认为我们揭露行业秘密是出于个人私利，甚至有人对我们进行恶意攻击。我们深知这样的科普动了很多人的蛋糕，但并没有被这些声音所干扰，而是选择更加坚定地走在科普的道路上，始终铭记“让奶粉，只是奶粉”的初心。

这十多年，我们也见证了中国乳制品行业的重塑与腾飞。在政策引导、技术创新与市场需求的共同推动下，中国乳制品行业取得了举世瞩目的成就。从国产奶粉的崛起到高端乳制品的涌现，从产业链的完善到国际化布局的加速，每一步都彰显了中国乳业的强大实力与广阔前景。

随着乳制品行业的蓬勃发展，我们图书的内容也紧跟时代步伐，进行了相应的升级与更新。我们深知，只有不断与时俱进，才能为读者提供最准确、最权威、最实用的乳制品知识。因此，我们不断搜集行业最新动态，梳理研究成果，力求将最新的乳制品知识与理念呈现给读者。

最后，特别感谢陪伴我们一路走来的朋友们，是你们的支持与鼓励让我们有坚持做科普的动力，是你们的信任与理解让我们感受到了科普工作的价值与意义。

坚持做正确的事，重复做正确的事，是我们心中的正道，也是我们永恒的信念与追求。

朱　鹏　祁雯昊

2024年11月

推荐序

中国农业大学教授
博士生导师 **南庆贤**

在中国，婴儿奶粉是一个敏感而脆弱的话题。消费群体特殊而庞大：0～6个月的婴儿，如果无法母乳喂养，配方奶粉是其唯一的营养来源，对其生长发育和一生的健康都有决定性影响。数据显示，我国0～6个月婴儿纯母乳喂养率只有28%，以每年1600万新生儿计算，需要婴儿奶粉的家庭在1100万以上。而且6个月之后的婴儿虽然添加了其他食物，但对配方奶粉的需求一般会持续到3岁。巨大的商业利益使这一市场的竞争异常激烈，部分海淘代购不仅销售不符合中国国家标准的婴儿奶粉，使消费者承担巨大的食品安全风险；而且对政府加强监管的努力和行业升级改造的事实歪曲误读，严重影响国人对政府公信力和国产品牌信任的重建。相对成千上万代购者不遗余力地鼓吹，科学严谨的奶粉知识普及却相对较少，目前还没有一本以奶粉知识为主题的科普图书。

本书的两位主要作者一位是食品科学博士、科学松鼠会成员，一位是乳品行业资深观察员、新浪微博知名博主，多年来专注乳制品、特别是婴儿配方奶粉的知识普及。本书从高品质配方奶粉的黄金指标、配方奶粉的选择、海淘代购的风险、政府的监管、奶粉喂养的正确方法等九个方面，系统梳理了作者已发表的文章，并以此为基础整合完善，科学地解答了奶粉配方、奶粉安全、各种营养素添加要求、标准及国际乳业的最新进展等消费者最关心的问题，同时对网络上流传甚广的奶粉伪科普进行了剖析和纠正。

作为一本科普书，本书在确保科学性和准确性的同时，注意了语言的通俗易懂和图文的紧密结合。问题解答简明扼要、重点突出，是一本以奶粉知识为主题的科普好书，希望藉由此书帮助不同文化层次的读者确立科学的态度、掌握正确的知识，重建对政府监管和国产品牌的信任。

2017年6月

目录

第三章 好奶粉的金指标：奶源、配方和工艺 ……… 015

第四章 奶粉配方大PK，教你挖掘好配方 ……… 037

MILK

出厂

第九章 奶粉的正确喂养方法 ……… 170

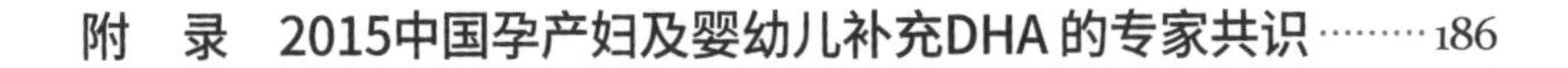

第一章 母乳喂养，妈妈宝宝都受益

虽然这是一本介绍婴幼儿配方奶粉知识的书，但请一定记住：母乳最好，配方奶粉是母乳不足或无法母乳喂养时的无奈选择。配方奶粉的终极目标就是最大化模拟母乳，但现有科技水平还做不到百分之百复制母乳。

母乳：婴儿前6个月最理想的食物

母乳是婴儿从出生到6月龄（出生后180天）最理想的食物，这一观点已经得到全世界所有医疗卫生机构的一致认可。而且，对母乳成分的研究越深入，人们越是认同这一观点。世界卫生组织（后文简称WHO）建议，从出生至6月龄的宝宝最好能保证纯母乳喂养（只喂母乳，无须添加其他任何食物，包括水），6月龄后可以逐步添加辅食，并继续母乳喂养至2周岁甚至更久。

有许多年轻妈妈担心母乳不够孩子吃，或者母乳的质量不够好，无法满足孩子的营养需求，从而过早地把母乳换成婴儿配方奶粉或者引入辅食。实际上，这些担心都是多余的。正常情况下，母乳的量都会超过婴儿所需，而且会根据婴儿的需求进行调节。也就是说，婴儿吃得越多，妈妈的乳汁分泌得越多。对于婴儿，母乳真的就像海绵里的水，只要吸，总会有的。

母乳的质量，妈妈们也不用担心。母乳中的营养成分是相对恒定的，除了个别营养成分（如多不饱和脂肪酸、碘、硒、维生素A、B族维生素等）取决于母亲的膳食摄入量以外，其他绝大多数成分都与母亲的日常饮食没有太大关系。即使偏瘦且脂肪摄入不足的母亲，在母乳喂养期间，身体也会相应地增加脂肪的合成，以保证母乳的质量。因此，纯母乳喂养完全可以满足出生至

6月龄婴儿的营养需求，无须过早添加婴儿配方奶粉和辅食。如果是早产儿或者低出生体重儿，母乳喂养的方法请遵医嘱。

需要提醒父母们注意的是，6月龄后添加辅食并不等于断奶。有条件的话，仍然可以在添加辅食的同时继续母乳喂养，没有必要换成价格昂贵的配方奶粉。只不过在添加辅食之后，要注意补充铁、锌以及各种维生素。

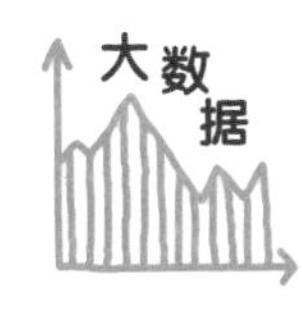

2021年，国家卫健委等十五部门联合印发了《母乳喂养促进行动计划（2021—2025年）》。计划提出，到2025年，母婴家庭母乳喂养核心知识知晓率达到70%以上，公共场所母婴设施配置率达到80%以上，全国6个月内婴儿纯母乳喂养率达到50%以上。

婴儿配方奶粉：一直在模仿，从未能超越

婴幼儿配方奶粉的广告铺天盖地，各种营销新名词层出不穷，所以许多人认为婴儿配方奶粉比母乳好，更能满足孩子的营养需求。实际上，婴儿配方奶粉生产者所做的一切，都只是尽力模仿母乳的成分或者效果而已——从最开始仅仅调整蛋白质、脂肪和糖类的比例，到后来调整蛋白质的组成比例，用植物油代替动物脂肪，再到添加各种微量营养素——尽管婴儿配方奶粉一步一步越来越接近母乳，但只是跟在母乳的后面，一

直在模仿，从未能超越。

母乳可以根据婴幼儿的需要调整成分，而配方奶粉却没这么智能。妈妈产后3天之内分泌的母乳被称为初乳，相对于之后的母乳，脂肪和乳糖含量较少、能量较低，但含有10倍的免疫细胞、2倍的低聚糖和2倍的蛋白质，且蛋白质主要是一些免疫蛋白和生长因子。初乳就像是母亲给刚来到这个世界上的孩子的第一份厚礼，在第一时间为婴儿提供保护，使其免受感染。而且，如果宝宝是早产儿，妈妈的初乳中还会含有更多的不饱和脂肪酸，以促进宝宝的大脑发育。这些都是婴儿配方奶粉所不具备的。

使用配方奶粉还有个缺点，就是需要冲调，远不如母乳喂养方便。不论是奶粉、冲调用的水还是器具，如果不干净，都有可能使宝宝生病。另外，如果水和奶粉的比例掌握不当，太稀了可能导致营养不良，太浓了则会增加婴儿肾脏的负担。

当然，虽然配方奶粉比不上母乳，但6月龄以内的婴儿，如果因一些原因确实无法母乳喂养，婴儿配方奶粉是最好的替代品，而不是辅食等其他食物。只有婴儿配方奶粉才能提供婴儿健康发育所需要的营养。

喝奶粉长得快，增加的只是脂肪

3月龄（出生90天）以内的，母乳喂养的婴儿生长速度通常要比奶粉喂养的婴儿快。然而很多人发现，3月龄之后，用奶粉喂养的婴儿反而长得更快一些，于是就认为母乳的营养跟不上婴儿的需要，应该换配方奶粉或者引入辅食了。这种理解是错误的。

研究发现，虽然看起来母乳喂养的婴儿增重不如配方奶粉喂养的婴儿快，但是如果只看婴儿的非脂肪增重会发现，还是母乳喂养的婴儿增重更多一些。也就是说，用奶粉喂养的婴儿增加的更多的是脂肪。

而且，尽管母乳中的蛋白质和脂肪会慢慢减少，但医学推测，这种母乳营养成分的变化以及母乳喂养的婴儿增重变缓，可能是一种自发的调节身体增长的机制。已经有很多研究表明，母乳喂养的婴儿在婴儿期以及青少年期，肥胖的风险会降低。

除此之外，还有多项研究表明，母乳喂养的婴儿发生细菌或者病毒感染的概率要低于非母乳喂养的婴儿，智力以及认知方面也略优于非母乳喂养的婴儿。如果父母有过敏史，坚持6个月的纯母乳喂养，避免过早引入辅食，也有利于降低婴儿发生过敏的风险。

母乳喂养对母亲也有益

母乳喂养不仅对宝宝有好处，对母亲也同样有很多益处。一方面，哺乳是母子情感交流的一种重要手段；另一方面，分泌乳汁是需要能量的，其中一部分能量就来自母亲怀孕期间积攒的脂肪。对于健康的母亲来说，母乳喂养的头3个月，每个月可以减重约0.8kg！这可比花钱买奶粉、再花钱去健身房减重划算多了！另外，哺乳也有利于母亲产后各项机能的迅速恢复，还有助于降低乳腺癌和卵巢癌的患病风险。

综上所述，对于健康的母亲以及足月的婴儿，前6个月的纯母乳喂养完全可以满足婴儿的营养需求，不需要改用配方奶粉，更不需要过早添加辅食。母乳喂养对于宝宝和妈妈的身体健康都有好处，只有当无法母乳喂养的时候，才推荐使用婴儿配方奶粉。

如果你想要断母乳、用配方奶粉替代，应等宝宝接受奶粉后再断母乳。宝宝对奶粉的接受度个体差异较大，有些宝宝一两次就能接受，有些则需要尝试多次。这件事没有捷径，只能不停地尝试。更不能反其道而行之，先断奶再让宝宝接受奶粉，这样做会让你措手不及。

- 母乳喂养有利于母子情感交流、母亲减重以及降低母亲乳腺癌等疾病的发生风险。
- 配方奶粉的终极目标是最大化模拟母乳。
- 母乳永远是最适合婴儿的食物，配方奶粉是母乳不足或无法母乳喂养时的无奈选择。

奶粉喂养，不必太纠结

母乳是宝宝最好的食物，最能满足婴儿的营养需要，同时也含有配方奶粉所不具备的免疫蛋白和生长因子。近些年，也有不少关于母乳喂养能够预防肥胖、糖尿病，使宝宝更聪明的研究报道。然而，由于种种原因，还是会有不少妈妈无法保证一直纯母乳喂养，只能选择婴儿配方奶粉。对于这些妈妈来说，各种宣传“母乳喂养好、人工喂养差”的信息难免令人纠结。用配方奶粉喂养，会让宝宝变得不够健康、不够聪明吗？

婴儿配方奶粉比牛奶更接近母乳

“牛奶是给小牛吃的”，近些年，这句话流传很广。这种说法一点儿没错，牛奶是最适合小牛的，母乳才是最适合人类宝宝的，但牛奶并不等同于婴幼儿配方奶粉。婴幼儿配方奶粉是根据母乳的成分，使用各种原料精心调配、以求模仿母乳的特殊食品。尽管大多数配方奶粉是在牛奶的基础上调配生产的，但它的营养组成是较接近母乳的，早已和牛奶有天壤之别。这也是为什么我们一直强调，6月龄以内的婴儿，若不能母乳喂养，一定要选择婴儿配方奶粉，其他不管是羊奶还是牛奶都不能直接代替母乳的原因。

化学合成≠有害和污染

很多人一听到“化学合成”就联想到有害、污染、不健康等词汇，实际上，正是得益于现代化的生物及化工技术，人们才能更精准地生产我们想要的各种原料，才能让配方奶粉更加接近母乳。婴幼儿配方奶粉的主要原料来自各种食品，比如，其中的乳糖来自牛奶，蛋白质通常来自牛奶或者大豆，脂肪则来自牛奶或者一些植物油。有部分维生素和矿物质的确来自生物技术或者是化学合成，但也都是食品级纯度的。尽管其中有些矿物质的生物利用率可能不如母乳，但是它们在配方奶粉中的含量也相应地会多一些，从而达到接近于母乳的效果。但0~6月龄的婴儿最好用乳基为原料的婴儿配方奶粉。

健康风险不仅与喂养有关

关于母乳喂养对婴儿健康的益处，确实有一些相关研究。例如，有研究发现母乳喂养的婴儿发生细菌或者病毒感染的概率要低于非母乳喂养的婴儿。因此，若是有条件，能母乳喂养自然最好。尤其是对于新生儿来说，母乳喂养更是尤为重要。除此之外，也有研究发现母乳喂养对儿童的健康有一些长期作用，比如，有助于预防肥胖，使儿童成年后具有更低的血液胆固醇水平、降低血压等。母乳喂养还可能与成年后更低的2型糖尿病发病率相关，甚至母乳喂养持续超过1个月的母亲自身发生2型糖尿病的风险也可能会降低。

不过，母乳喂养的这些健康益处还需要更多研究确认。WHO2013年发布的一份综述认为，从长期效果看，母乳喂养并不能降低成年后人体内总胆固醇水平，它对于降低血压的作用也微乎其微。对于肥胖和超重的问题，WHO认为母乳喂养可能会起到一定的预防作用，但相关研究中长时间母乳喂养的例子多来自高收入、高教育程度的家庭，并不能完全排除这些因素对结果的干扰。而在减少2型糖尿病风险方面，WHO认为现有研究太少，仅有的两篇高质量研究结果还互相矛盾，因此还需要进一步研究才能下结论。

而且，即使母乳喂养确实更利于宝宝的健康，它与人工喂养的差别也并不是那么大。以肥胖问题为例，一份针对苏格兰5万多名婴儿的研究，先是调查了这些婴儿在2月龄左右的喂养情况，然后针对其中纯母乳喂养和纯奶粉喂养的婴儿，继续调查了他们在3岁半左右的身体质量指数情况。研究发现，从统计学上看，母乳喂养的确与更低的肥胖发生率显著相关。不过具体肥胖风险差别有多大呢？这项研究发现，母乳喂养的宝宝每100人中有7人肥胖，而奶粉喂养的宝宝则是每100人中有9人肥胖。另一份针对捷克3万多名6～14岁青少年的调查也得出了类似的结果，曾经母乳喂养的儿童每100人中有9人肥胖，而从未母乳喂养的则每100人有12人肥胖。2型糖尿病的发病率也类似，比如有研究发现，母乳喂养可以使以后发生2型糖尿病的风险降低15%。要知道目前2型糖尿病的发病率是6%左右，也就意味着平均100个人大约会有6个人发病，而降低风险后则只是变成了每100个人有5个人发病。更何况，这些健康风险还可以通过良好的生活习惯来降低。因此，实在无法一直坚持母乳喂养的妈妈也不必过于担心。

聪明与否还需要更多研究

关于喂养方式对婴儿认知能力的研究有很多，其中有一些发现母乳喂养的婴幼儿可以在认知能力测试上获得更高一些的分数，于是人们认为母乳喂养的宝宝更聪明。也有研究认为，可能是母乳中的DHA等长链多不饱和脂肪酸对婴儿的认知能力有促进作用。然而，人体本身无法合成DHA，母乳中的DHA含量完全取决于妈妈在日常膳食中的摄入量。沿海地区居民母乳中的DHA含量通常要比内陆地区的高很多，这也是DHA只是婴儿配方奶粉中的可选成分而非必需成分的原因。

WHO2013年发布的综述认为，母乳喂养有助于婴儿在之后的智商测试中获得略高的分数，尽管这种提高幅度非常有限。然而，2013年的一份汇总了84篇学术论文的研究却发现，确实有很多研究发现母乳喂养可促进婴儿智力发育，但同样也有很多研究发现二者并无关系。另外，还有很多起初发现母乳喂养的婴儿更聪明的研究，若是去除经济社会地位、父母智商以及教育情况等因素，会发现母乳喂养的影响变弱了，甚至得出完全相反的结论。在分析了这84篇精心挑选的学术论文之后，这项研究认为先前所认为的母乳喂养对宝宝认知能力的影响，应当归功于母亲的认知能力以及家庭社会经济地位因素，单纯的母乳喂养很可能无法直接影响宝宝的智商。

最后还要说明，针对母乳或者婴儿配方奶粉喂养对婴儿健康影响的研究是非常复杂的，有很多干扰因素，比如家庭情况、生活习惯等，而在现实生活中情况就更加复杂了。可能有的宝宝只吃了1个多月的母乳，也可能有的宝宝吃了很久的母乳同时早早就添加了辅食，还有的可能一直是母乳和配方奶粉混合喂养。他们之间究竟有多大差别，都不是靠一两个研究就能得出确切结论的。

总而言之，母乳仍然是最适合婴儿的食物，也是最安全经济的选择，如果有条件自然还是推荐母乳喂养。不过，若是无法母乳喂养，配方奶粉也可以保证宝宝健康成长，不必为此过于纠结。随着宝宝的成长，为宝宝提供均衡的日常饮食，让其养成良好的生活习惯、接受科学的家庭教育才是更重要的。

奶粉，母乳的替代品

很多妈妈都认为，婴儿奶粉分为一段、二段、三段。但是根据国标，一段、二段、三段的说法并不准确。根据GB10765–2021、GB10766–2021和GB10767–2021，配方奶粉通常划分为婴儿配方乳粉（0～6月龄，也就是我们常说的一段）、较大婴儿配方乳粉（6～12月龄，我们常说的二段）和幼儿配方乳粉（12～36月龄，我们常说的三段）。

很多妈妈常有这样的疑问：是不是在哪个月龄就只能喝哪个阶段的奶粉？是不是到了6月龄和12月龄就要马上转下一个阶段的配方奶粉呢？

0～6月龄的宝宝，还没有添加辅食，母乳或配方奶是其全部的营养来源。所以一段配方奶的营养要尽量接近母乳，要包含0～6月龄宝宝生长发育所需的全部营养素。蛋白质配比、脂肪酸组成、微量元素的添加量和比例也要尽可能与母乳一致。6月龄以后，宝宝开始添加辅食了，奶粉的重要性就逐渐降低了。较大婴儿配方奶粉和幼儿配方奶粉将营养元素进行了微调，如乳清蛋白和酪蛋白比例已接近牛奶，这与母乳的营养成分已有所差距了。由于辅食也能提供营养，所以奶粉的作用已不是为婴幼儿提供所需要的全部营养素，而是为添加辅食的宝宝提供营养均衡的液体膳食补充。所以，6月龄以内的婴儿只能吃婴儿配方奶粉，不能吃较大婴儿配方奶粉和幼儿配方奶粉。但是在6～12月龄，由于已经添加了辅食，营养的来源更加多元化，此时无论选择婴儿配方奶粉还是较大婴儿配方奶粉都是可以的。

婴儿配方奶粉最接近母乳，价格也最贵。如果经济条件允许，完全可以喝婴儿配方奶粉到1岁，不必选择较大婴儿配方奶粉。1岁之后，宝宝能吃的食物种类就更多了，营养来源也更广泛，奶类逐渐成了辅食。配方奶中的营养完全可以通过吃多种物美价廉的乳制品［如冷藏牛奶、保鲜装（UHT）牛奶、酸奶、奶酪等］满足，不必非要选择价格昂贵的配方奶粉。那些配方奶粉需要喝到至少3岁的说法没有任何科学依据，也完全没有必要。当然如果不差钱，宝宝继续喝配方奶也是没问题的。很多妈妈认为应该按奶粉标注的“段”和宝宝的年龄选择奶粉，不然宝宝的营养就跟不上了，这个观点其实很片面。

Q：听说1岁以前的孩子不适合喝鲜奶，怕不易消化，这是真的吗？

A：添加辅食之后肉都吃了，还怕消化不了牛奶里那点儿蛋白质吗？虽然酪蛋白不如乳清蛋白易消化，但相对于其他食物蛋白仍然是非常容易消化的。只要宝宝不过敏，添加辅食后可以慢慢尝试鲜奶。

- 如果不能母乳喂养或母乳不足，一定要选择婴儿配方奶粉。羊奶、牛奶都不能代替母乳。
- 只有一段奶粉才是最接近母乳的。0~6个月的宝宝只能喝一段奶粉。6~12个月的宝宝可以选择一段和二段奶粉。1岁以上的宝宝可以不喝配方奶，通过吃多种物美价廉的乳制品获得配方奶中的营养。总的来说，宝宝可以喝对应段位的奶粉以及低段位的奶粉，但是不能喝高段位的奶粉。

好奶粉的金指标：奶源、配方和工艺

母乳最好，可如果因为种种原因无法母乳喂养，需要解决的第一个问题就是如何选择配方奶粉。什么样的奶粉才是好奶粉？妈妈们问得最多就是这个问题，甚至有的妈妈希望我们直接推荐奶粉。我们一直不愿意简单、粗暴地推荐产品，一方面是因为我们想做的是知识的普及，而不是商品的导购；另一方面更重要的是，我们希望家长们能养成独立思考的习惯，能用科学的思维和正确的知识自己做出判断，而不是盲目跟随、人云亦云。如今各种伪科普和变相广告充斥网络，家长们如果丧失理性的思考，宝宝的营养和健康就难以保证。

很多妈妈在为宝宝选奶粉时常会走入这样的误区：外国宝宝喝的奶粉就是好奶粉，大品牌的奶粉就是好奶粉，定价高的奶粉就是好奶粉，朋友推荐的、别人家宝宝都在喝的奶粉就是好奶粉……其实，衡量一款奶粉好不好最重要的指标是奶源、配方和工艺。根据营养需求看配方和工艺，选奶粉就有了方向。

@nana：现在乳业都全球化了，原料、技术共享，国产奶粉也不输进口奶粉。只要是正规的企业和品牌，可以根据自身情况量力而行，没必要盲目崇洋。

先有好奶源才有好奶粉

优质奶源是好奶粉的前提和基础。优质奶源的标准应该包括四大方面：一是优质的奶牛品种；二是良好的自然环境，比

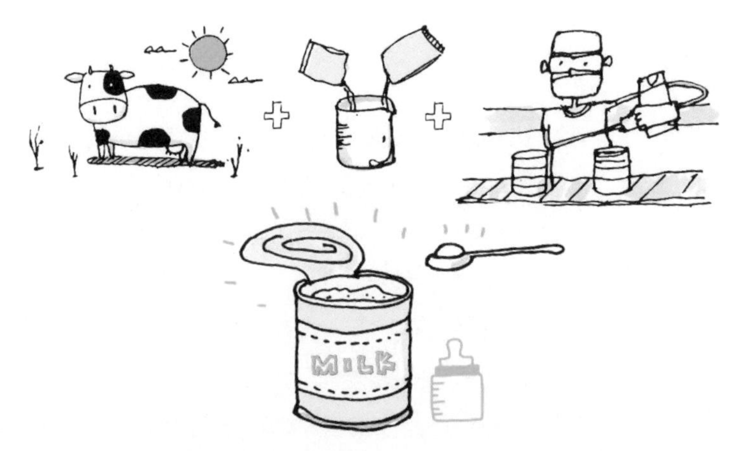

图 3-1　优质奶粉的金指标——奶源、配方、工艺

如空气、水源、牧草等；三是科学的养殖方法；四是严格的管理制度。优质的奶牛品种可以保证牛奶产量以及所产牛奶的营养素含量；科学的养殖方法既包括饲料和防疫工作，又包括挤奶操作以及对挤出来的牛奶的储存；严格的管理制度是指上到国家监管机构下到牧场内部都得严格管理，这样才能最大限度地保证牛奶的安全卫生，避免发生食品安全事故。总体来说，发达国家和地区，比如西欧、美国、澳洲等，由于自然环境较良好、监管措施更严格（落实得也更好），牛奶品质要比发展中国家好一些。

纵观全球奶粉制造业，国产奶粉绝对处于工艺领先与配方优异之列，唯独奶源的收购标准较低。2010年修订的《生鲜乳收购标准》，生乳蛋白质含量标准从1986年的2.95%降到2.8%；菌落总数则从2003年的每毫升50万CFU以下调至每毫升200万CFU以下（目的是保护大量的中小规模养殖户的利益），均为历史新低。在丹麦、新西兰等乳业大国，生乳蛋白质含量标准都在3.0%以上；而菌落总数，美国、欧盟是每毫升10万CFU，丹麦是每毫升3万CFU。

> **@奶粉揭秘：** 几年前，中国还没有完全意义上的国产奶粉。因为占配方奶粉原料40%～50%的乳清粉，除了小部分乳业能够保证部分自有产品脱盐乳清液的供给外，其余品牌的乳清粉均为进口（以法国和新西兰为主要供应国）。而现在，我们已经有了国产乳清粉，即使进口，也是中资海外乳企生产的乳清粉。

需要说明的是，虽然我国的生鲜乳收购标准较低，但三聚氰胺事件之后很多企业和地方政府加强了牧场的管理和建设，大型乳企自控奶源合作奶站百分之百实现了全自动化挤奶，运输奶源的车辆全部用GPS和视频进行监控，车辆一旦脱离轨道直接一票否决，全车奶倒掉。从原奶收购到产品出厂，检验、检测指标达899项，仅在原料奶环节，大型乳企就有100项以上检测标准。而且，现在很多海外优质奶源已纳入中资旗下。目前国内很多大型乳企原料奶的收购标准参照欧盟标准，而不是我国国标，消费者不必为国产奶粉的奶源而过分担忧。

2016年12月，中国农垦乳业联盟在广东省湛江市正式公布农垦生鲜乳的徽标，联盟所属乳企统一执行《中国农垦生鲜乳生产和质量标准》，联盟标准于2019年11月24日正式实施。联盟标准将菌落总数从国家标准每毫升200万CFU以下调整到每毫升10万CFU以下；将体细胞数首次纳入标准，并定为每毫升40万个以下；乳蛋白率由国家标准的2.8%提高到3.0%，乳脂率从3.1%提高到3.4%。中国农垦乳业联盟的标准已超越欧美生鲜乳标准，是目前我国要求最高的生鲜乳团体标准。

2021年10月18日起实施的《中国奶业D20标准生牛乳》团体标准，由中国奶业协会、中国农业大学以及中国奶业20强企业和观察员企业联合起草。团体标准将菌落总数从国家标准每毫升200万CFU以下调整到每毫升20万CFU以下；体细胞定为每毫升40万个以下，乳蛋白率由国家标准的2.8%提高到3.0%，乳脂率从3.1%提高到3.4%。中国奶业D20标准除了菌落总数略逊色于欧美生鲜乳标准外，其余指标均超越欧美生鲜乳标准。

婴幼儿配方奶粉的新旧国标

我国婴幼儿配方奶粉原来一直采用的是2010年正式执行的食品安全国家标准，在经过几年的收集意见、修改调整后，婴幼儿配方奶粉新版国标《食品安全国家标准婴儿配方食品》（GB10765-2021）、《食品安全国家标准较大婴儿配方食品》（GB10766-2021）、《食品安全国家标准幼儿配方食品》（GB10767-2021）在2021年正式出炉。三项标准将于 2023年2月22日正式实施。制定、修订并实施婴幼儿配方食品系列标准，是保障婴幼儿配方食品安全性、营养充足性的重要手段，是指导和规范食品生产企业科学生产的技术要求，也是监管部门开展监督执法的重要依据。

与旧版国标相比，新版国标在内容上做了较大调整，主要表现如下。

（1）与国际食品法典委员会标准修订趋势一致，将《较大婴儿和幼儿配方食品》（GB10767-2010）调整为针对较大婴儿和幼儿的两个标准，这一变化将会针对婴幼儿月龄提供更精准的营养元素。

（2）为了充分保证婴幼儿配方食品营养的有效性和安全性，新版国标对一些必需成分的种类，以及最小值或者最大值做了调整。例如，将胆碱、锰、硒从可选成分调整为必需成分；在碳水化合物方面，新版国标增加了较大婴儿和幼儿配方食品中乳糖含量的要求，同时要求婴儿配方食品和较大婴儿配方食品中均不允许添加果糖和蔗糖，并明确限制蔗糖在较大婴儿配方食品中的添加等。在蛋白质方面，新版国标调整了较大婴儿和幼儿配方食品中蛋白质的含量要求，并增加了较大婴儿配方食品中乳清蛋白的含量要求，明确规定其含量应≥40%；

（3）新版国标对牛磺酸、DHA等可选择成分的添加量做了要求。例如，新版国标要求DHA、ARA和EPA的计量单位要从“%”改为具体的含量单位“mg”，同时对DHA添加剂的含量下限进行了明确规定，要求婴儿配方食品和较大婴儿配方食品中的DHA的最低含量为 3.6mg/100KJ，但目前并未对幼儿配方食品中DHA含量最低限值做要求。

（4）污染物、真菌毒素和致病菌的限量要求应统一引用相关基础标准，体现标准间协调性。新修订的标准还删除了基础标准中已涵盖的相关内容，如污染物、真菌毒素、致病菌限量指标等，相关技术要求应符合相应的食品安全国家标准《食品中污染物限量》（GB2762-2017）、《食品中真菌毒素限量》（GB2761-2011）及《食品中致病菌限量》（GB29921-2021）的规定。

有关新老国标的具体差异，大家可以下载相关的标准文件详细查阅。

奶粉好不好关键看配方

有的妈妈简单地认为，奶粉就是直接把鲜奶干燥成粉，好奶源就等于好奶粉——这种认识是错误的。奶源再好，牛奶也不能直接给宝宝饮用，因为牛奶所含的营养素种类、数量和比例与母乳有很大不同，不利于婴幼儿消化吸收和生长发育。牛奶必须按照一定的配方，调整其营养素种类和配比，才能成为母乳的替代品。因此，一款奶粉好不好，配方是关键，选奶粉必须要学会看配方，也就是奶粉的营养成分表。

营养成分表一般包括以下几项内容（如图3–2所示）：一是营养成分的名称，二是营养成分的含量（分别是每100ml奶液、每100g奶粉和每100kJ中的含量）。看配方主要就是看营养成分的种类、含量和配比。那是不是营养成分越多、含量越高，配方就越好呢？并不是。你不仅要知道奶粉中都添加了哪些营养成分，这些营养成分的含量是否在合理范围之内，还要知道哪些营养成分确实对宝宝生长有益，哪些只是商家的营销策略。

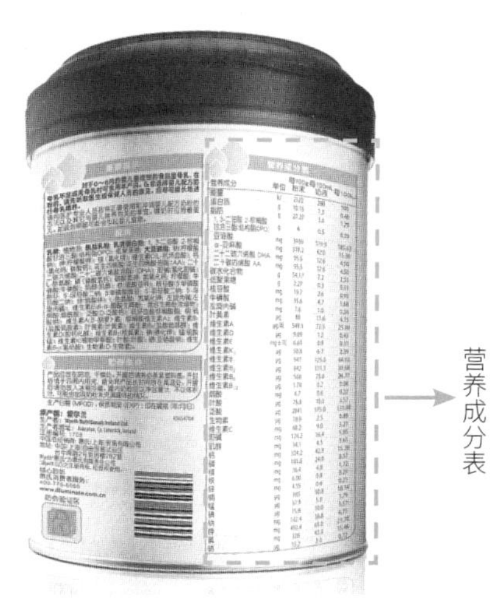

图 3-2　奶粉营养成分表

表 3-1 ×× 奶粉营养成分表

营养成分表

项目	单位	每 100 ml 奶液	每 100g 奶粉	每 100 kJ	项目	单位	每 100 ml 奶液	每 100g 奶粉	每 100 kJ
能量	kJ	272	2064	100					
	kcal	65	493	24	维生素 E	mg α－生育酚当量	1.31	9.9	0.48
蛋白质	g	1.4	10.4	0.50	维生素 K_1	μg	4.75	36	1.74
碳水化合物	g	6.7	50.4	2.4	维生素 B_1	μg	47	358	17.3
脂肪	g	3.5	26.5	1.3	维生素 B_2	μg	100	760	37
亚油酸	g	0.4	3.3	0.16	维生素 B_6	μg	38	288	14.0
α－亚麻酸	mg	41	309	15	维生素 B_{12}	μg	0.23	1.71	0.083
钠	mg	24	180	8.7	烟酸	μg	333	2520	122
钾	mg	70	530	26	叶酸	μg	11.1	84	4.07
铜	μg	35	267	12.9	泛酸	μg	370	2800	136
镁	mg	4.75	36	1.74	维生素 C	mg	10.7	81	3.92
铁	mg	0.63	4.78	0.23	生物素	μg	1.66	12.6	0.61
锌	mg	0.59	4.45	0.22	胆碱	mg	12.7	96	4.65
锰	μg	6.5	49	2.37	**可选择成分**				
钙	mg	59	445	22	肌醇	mg	4.36	33	1.60
磷	mg	42	318	15.4	牛磺酸	mg	4.75	36	1.74
碘	μg	9.1	69	3.34	左旋肉碱	mg	1.29	9.8	0.47
氯	mg	42	317	15.4	二十碳四烯酸（ARA）	mg	11.0	83	4.02
硒	μg	2.01	15.2	0.74					
维生素 A	μg 视黄醇当量	52	393	19.0	二十二碳六烯酸（DHA）	mg	11.0	83	4.02
维生素 D	μg	0.92	7.0	0.34					

■ 基础配方：必须添加的一个都不能少

我国最新的婴儿配方奶粉国家标准是GB10765–2021《食品安全国家标准婴儿配方食品》，于2021年2月22日发布，在2023年2月22日开始实施。这一标准是依据和参考国际食品法典委员会相关标准与中国母乳研究数据制定的，对婴儿配方奶粉中的各种营养物质含量、配比有强制性规定（见表3–2），只有符合该标准的奶粉才允许在中国大陆销售。

需要说明的是，GB10765–2021《食品安全国家标准婴儿配方食品》代替了原GB0765–2010《食品安全国家标准婴儿配方食品》（现已作废）。新国标进一步完善了蛋白质、碳水化合物、维生素、矿物质等营养素的指标要求，增加或者修订了最小值和最大值规定，将部分可选择成分调整为必需成分，在污染物、真菌毒素和致病菌限量要求方面与相关基础标准保持一致，进一步提升了婴幼儿配方食品营养的有效性和安全性。

表 3-2　蛋白质、脂肪、碳水化合物指标

营养素	指标			
	每 100kJ		每 100kcal	
	最小值	最大值	最小值	最大值
蛋白质①				
乳基婴儿配方食品 /（g）	0.43	0.72	1.8	3.0
豆基婴儿配方食品 /（g）	0.53	0.72	2.2	3.0
脂肪 /（g）	1.05	1.43	4.4	6.0
亚油酸	0.07	0.33	0.3	1.4
α- 亚麻酸	12	未说明	50	未说明
亚油酸和 α- 亚麻酸比值	5 ∶ 1	15 ∶ 1	5 ∶ 1	15 ∶ 1
碳水化合物② /（g）	2.2	3.3	9.0	14.0

①乳基婴儿配方食品中乳清蛋白含量应≥ 60%；
②乳糖占碳水化合物总量应≥ 90%。

该标准首先对婴儿奶粉所应提供的能量和必须添加的营养物质进行了规定。标准规定，在即食状态下每100ml标准奶液所提供的能量应在250～295kJ（60～70kcal）范围。能量的计算是按每100ml标准奶液中蛋白质、脂肪、碳水化合物的含量，分别乘以能量系数（17kJ/g、37kJ/g、17kJ/g，膳食纤维的能量系数为8kJ/g）相加得到的。婴儿奶粉中蛋白质、脂肪、碳水化合物的含量应符合如下规定。

除了能提供能量的蛋白质、脂肪、碳水化合物等供能营养素外，该标准还规定婴儿配方食品必须含有表3–3和表3–4中涉及的14种维生素（维生素A、维生素D、维生素E、维生素K_1、维生素B_1、维生素B_2、维生素B_6、维生素B_{12}、烟酸、叶酸、泛酸、维生素C、生物素、胆碱）和12种矿物质（钠、钾、铜、镁、铁、锌、锰、钙、磷、碘、氯、硒），并对这些营养物质的最小添加值和最大添加值进行了规范。所以对于那些声称添加了铁、锌的婴儿配方奶粉，千万不要觉得配方有多优秀，其实只是所有婴儿配方奶粉都必须含有的基础成分。

看配方首先要看以上这些国家标准规定的营养物质种类全不全、添加量够不够、各种营养素之间的配比是否合理。表3–5是某奶粉的营养成分表，大家可以看到第一项标注的就是能量，每100ml奶液提供能量279kJ，符合国家标准，蛋白质、脂肪、碳水化合物的含量也在国家标准范围之内。在能量和产能营养素之后列出了很多矿物质和维生素的名称和添加量，包括了国家规定必须添加的12种矿物质和14种维生素，添加量均在国家规定的范围之内。

表 3-3　维生素指标

营养素	指标			
	每 100kJ		每 100kcal	
	最小值	最大值	最小值	最大值
维生素 A/（μg RE）①	14	36	60	150
维生素 D/（μg）②	0.48	1.20	2.0	5.0
维生素 E /（mg α-TE）③	0.12	1.20	0.5	5.0
维生素 K_1/（μg）	0.96	6.45	4.0	27.0
维生素 B_1/（μg）	14	72	60	300
维生素 B_2/（μg）	19	120	80	500
维生素 B_6/（μg）	8.4	41.8	35	175
维生素 B_{12}/（μg）	0.024	0.359	0.10	1.50
烟酸（烟酰胺）/（μg）④	96	359	400	1 500
叶酸 /（μg）	2.9	12.0	12	50
泛酸 /（μg）	96	478	400	2 000
维生素 C/（mg）	2.4	16.7	10	70
生物素 /（μg）	0.36	2.39	1.5	10.0
胆碱 /（mg）	4.8	23.9	20	100

① RE 为视黄醇当量。1μg RE =1μg 全反式视黄醇（维生素 A）=3.33 IU 维生素 A。维生素 A 只包括预先形成的视黄醇，在计算和声称维生素 A 活性时不包括任何类胡萝卜素组分。

② 钙化醇，1μg 维生素 D=40 IU 维生素 D。

③ 1mg d-α– 生育酚 =1mg α-TE (α- 生育酚当量)。1mg dl-α- 生育酚 =0.74mgα-TE（α- 生育酚当量）。

④ 烟酸不包括前体形式。

表 3-4　矿物质指标

营养素	指标			
	每 100kJ		每 100kcal	
	最小值	最大值	最小值	最大值
钠 /（mg）	7	14	30	59
钾 /（mg）	17	43	70	180
铜 /（μg）	14.3	28.7	60	120
镁 /（mg）	1.2	3.6	5.0	15.0
铁 /（mg）				
乳基	0.10	0.36	0.42	1.50
豆基	0.15	0.36	0.63	1.50
锌 /（mg）				
乳基	0.12	0.36	0.50	1.50
豆基	0.18	0.36	0.75	1.50
锰 /（μg）	0.72	23.90	3.0	100.0
钙 /（mg）	12	35	50	146
磷 /（mg）				
乳基	6	24	25	100
豆基	7	24	30	100
钙、磷比例	1 ∶ 1	2 ∶ 1	1 ∶ 1	2 ∶ 1
碘 /（μg）	3.6	14.1	15	59
氯 /（mg）	12	38	50	159
硒 /（μg）	0.72	2.06	3.0	8.6

表 3-5 ×× 奶粉营养成分表

营养成分表

项目	单位	每 100 ml 奶液	每 100g 奶粉	每 100 kJ	项目	单位	每 100 ml 奶液	每 100g 奶粉	每 100 kJ
能量	kJ	279	2163	100	维生素 B_2	μg	77	600	28
蛋白质	g	1.35	10.50	0.49	维生素 B_6	μg	54.2	420.0	19.4
碳水化合物	g	7.0	54.6	2.5	维生素 B_{12}	μg	0.335	2.600	0.120
脂肪	g	3.60	27.90	1.29	烟酸	μg	516	4000	185
亚油酸	g	0.55	4.30	0.20	叶酸	μg	10.2	79.0	3.7
α－亚麻酸	mg	55	430	20	泛酸	μg	368	2850	132
钠	mg	24.4	189.3	8.8	维生素 C	mg	8.4	65.0	3.0
钾	mg	60	466	22	生物素	μg	2.06	16.00	0.74
铜	μg	49.8	386.1	17.9	胆碱	mg	16.8	130.0	6.0
镁	mg	4.1	32.0	1.5	**可选择成分**				
铁	mg	0.61	4.75	0.22	肌醇	mg	5.8	45.0	2.1
锌	mg	0.49	3.77	0.17	牛磺酸	mg	5.2	40.0	1.8
锰	μg	6.45	50.00	2.31	左旋肉碱	mg	1.4	11.0	0.5
钙	mg	45	350	16	二十碳四烯酸（ARA）	mg	15.5	120.0	5.5
磷	mg	28	220	10					
碘	μg	12.6	98.0	4.5	二十二碳六烯酸（DHA）	mg	12.9	100.0	4.6
氯	mg	42	325	15					
硒	μg	2.52	19.50	0.90	膳食纤维				
维生素 A	μg 视黄醇当量	50	385	18	低聚半乳糖	g	0.19	1.5	0.07
维生素 D	μg	1.66	12.90	0.60	低聚果糖	g	0.19	1.5	0.07
维生素 E	mg α－生育酚当量	0.90	7.00	0.32	1,3- 二油酸 -2- 棕榈酸甘油三酯	g	1.03	8.00	0.37
维生素 K_1	μg	9.03	70.00	3.24					
维生素 B_1	μg	71	550	25	核苷酸	mg	4.52	35.00	1.62

■ 升级配方：可选成分也要符合国家标准

仔细观察会发现，在必须添加的营养物质之外，该款奶粉还额外添加了肌醇、牛磺酸、左旋肉碱、二十二碳六烯酸（DHA）、二十碳四烯酸（ARA）、低聚半乳糖、1,3-二油酸-2-棕榈酸甘油三酯（OPO）、核苷酸等营养物质。虽然这些营养物质并不是国家强制要求添加的，但如果添加了也需要符合相关的国家标准，如前文提到的GB10765-2021（《食品安全国家标准婴儿配方食品》），以及GB14880-2012（《食品安全国家标准食品营养强化剂使用标准》，2012年3月15日发布，2013年1月1日开始实施）。

之所以在国家标准中将二十二碳六烯酸（DHA）等许多营养元素列入可选择项，主要因为在保证合理营养摄入后对成品奶粉的成本考量，避免硬性加入后成本过高，导致奶粉零售价过高，以满足各类消费群体自主选择的需要。

《食品安全国家标准食品营养强化剂使用标准》（GB14880-2012）明确指出，食品营养强化剂是指为了增加食品的营养成分而加入食品中的。该标准规范了营养强化

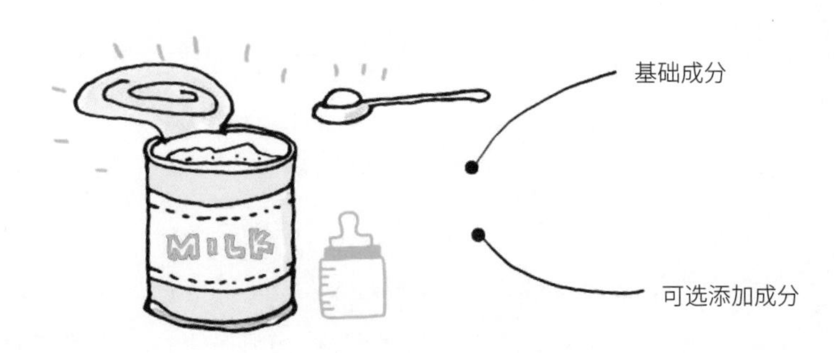

表 3-6　可选择成分指标

可选择性成分	指标			
	每 100kJ		每 100kcal	
	最小值	最大值	最小值	最大值
肌醇 /（mg）	1.0	9.6	4.2	40
牛磺酸 /（mg）	0.8	4.0	3.5	16.7
左旋肉碱 /（mg）	0.3	未说明	1.3	未说明
二十二碳六烯酸（DHA）①/（mg）	3.6	9.6	15	40
二十碳四烯酸（AA/ARA）/（mg）	未说明	19.1	未说明	80

① 如果婴儿配方食品中添加了二十二碳六烯酸 (22:6n-3)，至少要添加相同量的二十碳四烯酸 (20:4 n-6)。二十碳五烯酸 (20:5n-3) 的量不应超过二十二碳六烯酸的量。

——上表内容引自中华人民共和国国家标准 GB10765-2021（《食品安全国家标准婴儿配方食品》）

剂允许使用的品种、范围及用量，比如核苷酸的添加标准是0.12～0.58g/kg（以核苷酸总量计）。标准还规定，不应该通过使用营养强化剂夸大某一营养成分的含量或作用误导和欺骗消费者。比如说DHA，虽然是可选添加成分，但是基本已经成为所有婴儿配方奶粉的标配了，家长仔细看看营养成分表，千万别对声称添加了某个营养素的配方奶粉轻易动心。

特殊配方：满足宝宝的特殊需要

如果你的宝宝在消化、免疫或代谢方面有特殊情况，比如过敏、乳糖不耐受、早产等，就需要考虑选择特殊配方奶粉，只有特殊配方奶粉才可以让他们健康成长。比如针对特殊体质婴儿设计的低敏配方奶粉，这类奶粉在加工时将牛奶中的蛋白质完全分解或者分解一部分，以降低过敏概率，但并不影响蛋白质的营养价值，还能缓解宝宝便秘、胀气、腹泻等消化问题。

特殊配方奶粉在欧盟国家已经发展得比较完善了，各种特殊配方奶粉都可以在超市或药店买到。中国目前只有少数几种特殊配方奶粉，这其中部分原因在于之前针对婴儿配方奶粉的国家标准制定得太严格，没有为特殊配方奶粉留出余地。很多特殊配方奶粉被国家标准一卡，都属于不合格。好在专门针对特殊配方奶粉的国家标准（《食品安全国家标准特殊医学用途婴儿配方食品通则》）已经在2010年12月21日发布，并在2012年1月1日开始实施了。

具体应该怎么看奶粉配方，我们将在第四章“奶粉配方大PK，教你挖掘好配方”中详细介绍。如果你想详细了解特殊配方奶粉的有关知识，请阅读本书第五章“特殊配方，特别的爱给特别的你”。

好配方还需要好工艺

奶粉的营养素种类和含量固然很重要，但是一款奶粉的质量，不仅与营养成分有关，与奶粉的生产工艺也密切相关。因为婴幼儿配方奶粉的生产就是按照精确的比例（也就是配方），把各种营养素均匀地混合起来，并制作成方便消费者使用的粉末状产品，生产工艺直接决定了奶粉各项物化指标的优劣和奶粉中营养素的可利用性，也决定了奶粉的易用性。比如，胶体磨乳化工艺、干燥风速、喷粉装置等都会影响奶粉的溶解度。如果您的奶粉不易溶解，挂壁严重，通常与不合适的生产工艺密切相关。

具体来说，婴幼儿配方奶粉的生产工艺可以根据所用原料和工艺步骤来简单分成两大类：即湿法生产和干法生产。湿法工艺是所有原料先混合成液体形式，然后再杀菌、均质、浓缩，最后喷雾干燥成奶粉；干法工艺是将所有原辅料在干燥状态下经称量、杀菌、混合、包装，得到婴幼儿配方乳粉；

■ 湿法工艺：奶粉更新鲜？

湿法工艺是指所有的营养素都先混合成液体形式，然后再加工成奶粉。湿法工艺的流程为：

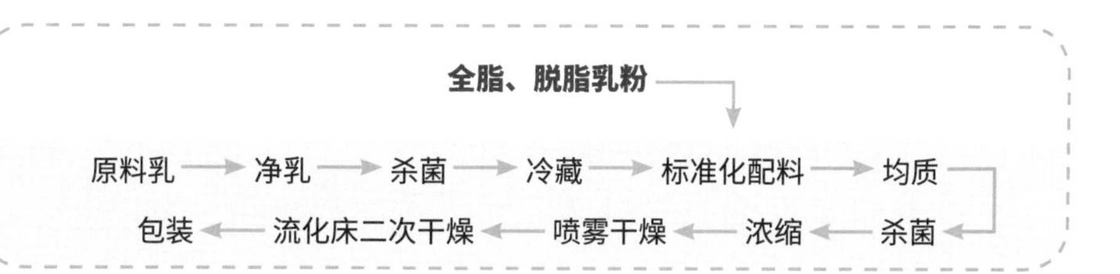

湿法生产如果再仔细分，还可以分成主要原料为液体的湿法生产和主要原料为粉状的湿法生产两种。其中前一种通常是利用新鲜的牛奶为基础，个别有条件的还会使用新鲜的乳清液，在其中添加其他各种营养元素来形成一种均一的混合液体，之后再经过热处理之后喷雾干燥成奶粉。一般自己拥有奶源的企业通常会采用这种方式。而后一种则常常被没有自己奶源的企业所采用，他们会从其他地方购买现成的奶粉，乳清粉等原料，加水复原成液体，再混入其他营养元素，经过热处理之后喷雾干燥成奶粉。

许多宣传湿法工艺更好的企业都在强调一点，那就是用湿法工艺生产的配方奶粉以鲜奶为原料，更新鲜（湿法工艺要求鲜奶采集立即低温保存，短时间内完成喷粉）；各种营养物质在鲜奶中有一个充分溶解的过程，奶粉均一性更好。随后的杀菌能确保任何在原料中存在或在湿混中感染的致病菌被消灭，良好控制喷雾干燥过程能保证良好的粉末溶解度。

但是，湿法工艺不可避免地存在热耗损的缺陷，有一些对热和氧化非常敏感的营养素，比如部分活性蛋白、维生素、多不饱和脂肪酸、益生菌等，可能会在生产过程中有一定的损失，甚至有可能最终还需要通过干法工艺混合进去。高温干燥导致热敏性成分被破坏，这是湿法工艺必须面对的问题。尤其是对于主要原料为粉状的湿法生产，由于那些粉料在当初生产之时已经经历过一次干燥工艺加工了，复原成液体再喷成奶粉相当于经历了两次加工。目前，湿法生产主要通过提高添加量来弥补热耗损，使营养成分达到一定的范围值，这与国家“标明准确含量值”的要求还是有差距的。

■ 干法工艺：奶粉喷得太干不好？

干法工艺则是将各种原辅料成分在干燥状态下称量、杀菌、混合、包装制得。干法工艺的流程为：

原辅料 → 备料 → 进料 → 配料（预混）→ 投料 → 混合 → 包装

由于干法生产对地域要求比较低，可以使用奶源地一次性生产的原料粉。

有人说奶粉喷得太干不好，不利于保存营养，奶粉看起来湿湿的才好。实际上，奶粉喷得干不干与营养保存关系不大，而且奶粉如果不够干很容易变质。再说，奶粉多少钱一斤，水多少钱一斤，奶粉含水量每提高1%，商家就多把1%的水当奶粉卖了，所以要不是怕变质，商家巴不得奶粉都湿湿的。

干法工艺去掉了乳清粉重溶再喷雾干燥的过程，节省了能耗，降低了成本。此外干法工艺在营养上的最大优势在于不经过二次高温处理，仅通过提高生产车间的洁净度、隧道杀菌和臭氧杀菌等控制微生物污染即可以达到国家的标准值要求，营养成分损失较小。而且干法工艺在精细化程度上远胜湿法工艺，能够确保各种营养添加成分的准确比例或量值。但正因为没有进一步的热处理过程，干法生产对生产环境和原料质量有非常高的要求，需要企业对这些方面严格把关，以保证产品质量。

目前中高端婴儿配方奶粉一般都添加了具有功能性的生物活性物质，这些生物活性物质多数具有热敏性或使用局限性，不适合湿法添加，如DHA和ARA，很容易氧化变质。工业上使用的DHA和ARA粉剂都经过了微胶囊化包埋处理。如果湿法添加会造成包埋层的损坏；如果干法添加，很容易因为颗粒度和比重造成颗粒分级，致使产品营养成分含量不均。鉴于以上的原因，中高端婴幼儿配方奶粉的生产多采用湿法和干法相结合的工艺。

总结：说了这么多，主要是希望大家了解跟奶粉有关的工艺常识。其实各种工艺都可以生产出合格优质的产品，常说的干法或者湿法是一个比较概括的说法，具体工艺的好坏，需要了解工艺的人亲自到生产工厂去实地考察，综合考虑，才能得出靠谱的结论。对于普通消费者来说很难分辨，当科普知识了解就好，不需要过分在意。

- 虽然我国生鲜乳收购标准低于美国、欧盟、丹麦等国家。但实际上，目前国内很多大型乳企原料奶的收购标准参照欧盟，并非我国国标，消费者不必因为国产奶粉的奶源而担忧。
- 根据国标，婴儿配方奶粉中的成分包括基础成分和可选添加成分。基础成分为每种婴儿配方奶粉中都必须含有的，消费者不必因为商家宣称添加了哪种基础成分而心动（如钙、铁、锌等）。至于可选添加成分（如DHA），消费者也应该比较一下不同奶粉的营养成分表。因为很多可选添加成分已然成为配方奶粉标配。
- 湿法工艺有利于原料混合均匀、但是不利于热敏营养物质的保存。干法工艺有利于热敏营养素的保存，但是对生产环境和原料质量要求高。其实不能说干法湿法孰优孰劣，各种工艺都可以生产出合格优质的产品，具体工艺的好坏，需要了解工艺的人亲自到生产工厂去实地考察，综合考虑，才能得出靠谱的结论。

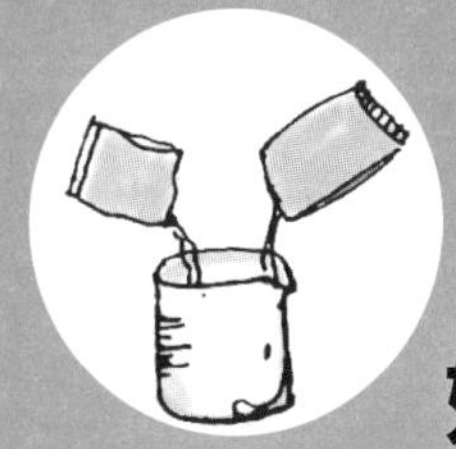

奶粉配方大PK，教你挖掘好配方

一款奶粉好不好，配方是关键，选奶粉必须要学会看配方。这一章将详细介绍如何通过分析奶粉的营养成分表挖掘好配方。

乳清蛋白与酪蛋白：6：4还是7：3？

众所周知，蛋白质对宝宝的体格生长和大脑发育至关重要。一款奶粉好不好，蛋白质的含量和组成是一个重要的衡量指标。奶粉营养成分表的第二项标注的就是蛋白质含量。下面几张表是随机选取的几款一段奶粉的营养成分表，第一张表每100kJ含蛋白质0.50g，第二张表每100kJ含蛋白质0.48g，第三张

表 4-1　三款奶粉营养成分表

营养成分表

项目	单位	每 100 ml 奶液	每 100g 奶粉	每 100 kJ	项目	单位	每 100 ml 奶液	每 100g 奶粉	每 100 kJ
能量	kJ	272	2064	100	磷	mg	42	318	15.4
	kcal	65	493	24	碘	μg	9.1	69	3.34
蛋白质	g	1.4	10.4	0.50	氯	mg	42	317	15.4

营养成分表

项目	单位	每 100ml	每 100g 奶粉	每 100kJ
能量	kJ	272	2064	100
	kcal	65	493	24
蛋白质	g	1.4	10.4	0.50

营养成分表

营养素	单位	每 100g 奶粉	每 100kJ	营养素	单位	每 100g 奶粉	每 100kJ
能量	kJ	2109	100	叶酸	μg	85	4.0
蛋白质	g	11.5	0.55	泛酸	μg	5000	237
乳清蛋白	g	7.2	0.34	维生素 C	mg	100	4.7
酪蛋白	g	4.3	0.20	生物素	μg	20	0.95

表每100kJ含蛋白质0.55g。可以看出，这3款奶粉蛋白质含量略有差别，但都在《食品安全国家标准婴儿配方食品》（GB10765-2021）规定的每100kJ含蛋白质0.43～0.72g的合格范围之内。

除了蛋白质的总含量，还要看一个重要指标，就是乳清蛋白与酪蛋白的比例。乳清蛋白分子小，容易被婴儿消化吸收；而酪蛋白则易在婴儿胃中形成较大凝块，使消化吸收速度变慢，酪蛋白过量还会使婴儿的肾脏负担过重。母乳成熟乳中乳清蛋白占60%、酪蛋白占40%，初乳中乳清蛋白最初在90%以上，之后逐步降低到70%。而牛乳中酪蛋白占80%、乳清蛋白占20%，与母乳有明显差别。

早在1961年，人们就认识到牛乳和人乳中乳清蛋白和酪蛋白的比例差异。为了更好地模拟母乳，逐渐有一些婴儿配方奶粉在牛乳粉的基础上通过添加乳清蛋白调整二者的比例。我国婴儿配方食品国家标准（GB10765-2021）明确规定，以牛奶（或者羊奶等）为基础的婴儿配方奶粉，乳清蛋白的比例应该≥60%。凡是在中国大陆市场的国产品牌奶粉和合法进口的原装进口奶粉，乳清蛋白与酪蛋白的比例都已达到6：4，有些已经达到7：3，甚至有含100%乳清蛋白的婴儿配方奶粉（并不是所有奶粉都会标注乳清蛋白与酪蛋白的含量，上面3张表只有最后一张标注了）。

并不是所有的婴儿配方奶粉都会把乳清蛋白和酪蛋白的比例调整到6：4，有不少海外本土奶粉只是把二者的比例调整到了1：1左右，这是因为不管是国际食品法典委员会发布的Codex Stan 72-1981标准，还是欧盟现行的2016/127法规，都没有对婴

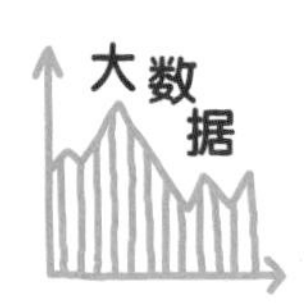

2016年12月，依据婴儿配方食品国家标准，浙江清华长三角研究院食品研究中心暨国家食品安全风险评估中心应用技术合作中心对部分海淘产品中的婴幼儿配方奶粉进行了随机抽测。结果显示，来自多个品牌的30份婴幼儿配方奶粉中，有19份奶粉的乳清蛋白含量低于国家标准，不合格率达到了63.3%。63.3%意味着接近2/3的海淘代购奶粉乳清蛋白不合格。在同一个标准下，中国市售婴幼儿配方奶粉不合格率为0.3%（2015年数据）。

儿配方奶粉中乳清蛋白和酪蛋白的比例进行规定。就这一点而言，中国的国家标准更严格。

乳糖，添加比例不能低于90%

碳水化合物是人体重要而经济的能量来源，亦是构成细胞和组织的重要物质。出生第一年，婴儿的身体和大脑都处于高速生长期，需要充足的能量。因此，奶粉中的碳水化合物含量和种类也需要重点关注。

母乳中的碳水化合物主要是乳糖，还含有极少量的葡萄糖。乳糖是最适合婴儿食用的糖类，婴儿消化道内有充足的乳糖酶，能很好地分解、消化、吸收、利用乳糖。乳糖能为婴儿的生长发育和日常活动提供动力，促进婴儿对钙的吸收和肠道内乳酸菌的繁殖（乳酸菌对婴幼儿肠胃有调整、保护作用）。

母乳的甜味就来源于乳糖，乳糖和其他糖类相比甜度较低，所以不会造成婴儿偏食。缺乏乳糖会引起婴儿消瘦、乏力、生长发育缓慢。

婴儿配方奶粉的基本设计理念是模拟母乳。母乳中的碳水化合物是乳糖，所以婴儿配方奶粉最简单、最直接的碳水化合物添加方案就是使用乳糖。我国国家标准规定，婴儿配方奶粉每千焦应含碳水化合物2.2～3.3g（每千卡应含碳水化合物9.0～14.0g）。婴儿配方食品不应使用果糖和蔗糖作为碳水化合物的来源，可适当添加葡萄糖聚合物。对乳基婴儿配方食品，碳水化合物的来源应首选乳糖，乳糖占碳水化合物总量应≥90%。

表4-2　××奶粉营养成分表

营养成分表

* 每100ml奶液中的营养成分（用13.6g的奶粉冲兑出100ml奶液）

项目	含量	项目	含量
能量	275kJ/66kcal		
脂肪（总能量46%）	3.4g	烟酸	0.43mg
饱和脂肪	1.4g	泛酸	343μg
单不饱和脂肪	1.3g	维生素 B_6	38μg
多不饱和脂肪	0.6g	叶酸	13μg
亚油酸	446mg	维生素 B_{12}	0.21μg
亚麻酸	82mg	生物素	1.4μg
花生四烯酸（AA）	11mg	维生素C	9.2mg
二十二碳六烯酸（DHA）	10mg		
		矿物质	
碳水化合物（总能量44%）	7.3g	钠Na	17mg
糖类	7.3g	钾K	68mg
–葡萄糖	0.2g	氯Cl	42mg
–乳糖	7.0g	钙Ca	57mg

出于成本以及工艺特性角度的考虑，有时候厂家会在奶粉中添加一些其他的碳水化合物，常见的有淀粉和麦芽糊精。虽然淀粉在人体内消化后会成为葡萄糖，但是速度要比乳糖慢。婴儿的消化系统还不完善，复杂的碳水化合物尤其是淀粉会增加婴儿消化系统负担，不利于营养摄入，所以为了保证额外添加的淀粉便于婴儿吸收，国家标准规定“只有经过预糊化后的淀粉才可以加入婴儿配方食品中”。中国大陆绝大多数婴儿配方奶粉都是全乳糖配方。6月龄以上的宝宝也不建议摄入添加淀粉的配方奶粉。

麦芽糊精促进溶解？添加淀粉更易增强饱腹感？

一些妈妈有这样的疑问：一些一段奶粉声称：添加了淀粉，有助于增强饱腹感，以及防止宝宝吐奶。但是因为没有添加麦芽糊精，所以冲调出来的奶液溶解性稍差，会出现挂壁现象，但是都是正常的。商家这么说是真的吗？麦芽糊精真是速溶剂？那到底淀粉该不该添加到一段配方奶粉中呢？

一些奶粉含有淀粉，这是容易导致速溶性差的原料之一，如果相应的生产工艺不够好的话，添加了淀粉的配方奶粉的确溶解性会更差。而麦芽糊精，其实就是一种通过把淀粉部分水解后得到的一种物质。相对于淀粉来说更容易消化，同时也的确更容易溶解于水。实际上，如果按照溶解性排列的话，乳糖最好，麦芽糊精次之，最差的是淀粉。也就是说，如果其他条件都一样的话，奶粉里只有乳糖，实际上比添加麦芽糊精或者淀粉都要好溶。麦芽糊精只是比淀粉要好溶。

不管是麦芽糊精还是淀粉，其实都可以添加到婴儿配方奶粉中作为一部分碳水化合物的来源。考虑到母乳中的碳水化合物主要是乳糖而没有淀粉或者麦芽糊精，因此一般都建议正常婴儿配方奶粉中也应该以乳糖为主。麦芽糊精本身是一种已经使用了很久的很安全的食品原料，不管是国际食品法典委员会还是欧盟，都没有对一段婴儿配方奶粉中的麦芽糊精规定使用上限。

但是对于淀粉，却是有最大使用量限制。欧盟在这一点上比较宽松，只是要求如果使用淀粉，不得超过总碳水化合物的30%且不超过2g/100ml。难不成德国人选择添加有最高限量的淀粉就是为了体现自己的严谨？

而中国的婴儿配方奶粉的国家标准，则规定乳糖应不低于碳水化合物总量的90%，也就是留给淀粉的使用余地不到10%。奶粉中添加淀粉，通常可以达到让奶粉更稠一些，消化得更慢的作用，宝宝吃了更不容易饿。但是几十年前以酪蛋白为主导的配方就是因为相对于以乳清蛋白为主导的母乳来说更难消化，现在才提倡使用以更易消化的乳清蛋白为主导。另外，添加了淀粉的配方奶对于部分容易吐奶的宝宝也可能也有一定的防止吐奶的作用。一段配方奶粉的终极目标是最大化地模拟母乳，母乳中都不含淀粉。

DHA、ARA：比例1：1的都是早期配方

近年来，年轻的父母们越来越关注宝宝的健康和发育，给宝宝喝最好的奶粉、用最好的东西，生怕孩子“输在起跑线上”。婴幼儿配方奶粉这块香饽饽自然不会被精明的商家放过，市场上、网络上各种奶粉品牌的广告大战越演越烈。在这些广告中，最常听到的就是“本产品添加了DHA和ARA”，仿佛宝宝吃了含有DHA和ARA的奶粉就会变成神童似的，以至于很多人误以为添加了这两种成分的奶粉比母乳都好。其实，母乳中天然就含有这两种成分，而且其中10%～20%是以磷脂形式存在，更易于宝宝吸收，而人工喂养的宝宝则需要从奶粉中摄入。

■ 什么是DHA和ARA?

DHA（docosahexaenioc acid）全称“二十二碳六烯酸”，是n-3系长链多不饱和脂肪酸；ARA（arachidonic acid）全称“二十碳四烯酸”也写作AA，是n-6系长链多不饱和脂肪酸。二者在视网膜和大脑皮质最多，故对视网膜和大脑功能具有重要意义。DHA是所有神经细胞和视网膜的主要组成部分，在发育期约占脑组织和视网膜脂肪酸含量的51%；ARA则是人体含量最多、分布最广的一种多不饱和脂肪酸，尤其是在脑和神经组织中，一般占多不饱和脂肪酸的40%～50%，在神经末梢甚至高达70%。研究认为，DHA与ARA不仅对婴幼儿神经和视觉发育有重要作用，对免疫功能和睡眠模式也可能有有益效应。

婴儿奶粉应该添加DHA、ARA

亚油酸、亚麻酸是人体合成转化DHA、ARA的前体物质，但婴幼儿转化能力较弱，转化率只有0.2%～4%，在此之外添加比例接近母乳、可以直接吸收的DHA、ARA有助于婴幼儿生长发育。

延伸阅读

对于儿童和成人来说，DHA和ARA完全可以从食物中获得。蛋黄、深海鱼类和海藻通常含有丰富的DHA和ARA，只要合理搭配膳食，就完全无须担心。母乳中DHA的含量，主要取决于妈妈平时摄入的食物中的DHA含量。

早在20世纪90年代，国外就已经有添加了DHA的婴儿奶粉了，而许多专业机构（英国营养基金会，世界卫生组织，联合国粮农组织，国际脂肪酸和脂类研究学会）都建议应当在婴儿奶粉中添加DHA和ARA。许多研究表明，用添加了DHA和ARA的奶粉喂养的婴儿可以在解决问题测试中获得更高的分数，婴儿的视力敏锐性也得到了提高，婴儿血液中的脂肪酸成分也更接近母乳喂养的婴儿①；而那些用不含DHA和ARA的奶粉喂养的婴儿血红细

① Willatts P, Forsyth JS, DiModugno MK, Varma S, Colvin M. Effect of long-chain polyunsaturated fatty acids in infant formula on problem solving at 10 months of age. Lancet 1998; 352(9129): 688 - 91

SanGiovanni JP, Parra-Cabrera S, Colditz GA, Berkey CS, Dwyer JT. Meta-analysis of dietary ssential fatty acids and long-chain polyunsaturated fatty acids as they relate to visual resolution acuity in healthy preterm infants. Pediatrics 2000; 105(6):1292 - 8.

Makrides M, Neumann MA, Simmer K, Gibson RA. A critical appraisal of the role of dietary long-chain polyunsaturated fatty acids on neural indices of term infants: a randomized, controlled trial. Pediatrics 2000; 105(1 Part 1): 32 - 8.

胞膜中DHA和ARA的含量要低于母乳喂养的婴儿[1]。现在，很多婴幼儿配方奶粉都添加了DHA和ARA。

DHA、ARA，添加得越多越好吗？

既然DHA和ARA对婴儿有如此多的益处，那是不是给婴儿补充得越多越好呢（比如额外再补充若干补充剂）？当然不是。摄入过量的DHA和ARA除了会增加婴儿的消化负担，还会导致婴儿免疫应答反应和炎症反应能力降低（也就是说，更容易被病原体入侵），以及凝血困难等不良后果。而且除了考虑绝对摄取量，还应考虑各类脂肪酸的平衡，因为脂肪酸不平衡不利于婴幼儿健康。

目前国家并没有强制要求婴儿配方食品添加DHA和ARA，只是对添加量进行了规范。要求婴儿配方食品中DHA的最小添

表 4-3　×× 奶粉营养成分表

项目	单位	每 100kJ	每 100g 奶粉
能量	kJ	100	2101
蛋白质	g	0.51	10.7
碳水化合物	g	2.6	54.9
脂肪	g	1.24	26.0
亚油酸	g	0.19	3.90
α－亚麻酸	mg	21	450
二十碳四烯酸（ARA）	mg	6.7	140
二十二碳六烯酸（DHA）	mg	4.2	88

① Koletzko B, Rodriguez-Palmero M. Polyunsaturated fatty acids in human milk and their role in early infant development. J Mammary Gland Biol Neoplasia 1999; 4(3): 269 - 84.

加量为3.6mg/100 kJ，最大添加量为 9.6mg/100 kJ。而ARA没有规定最小添加量，但是规定了最大添加量为19.1mg/100 kJ。而且如果添加了DHA，必须至少添加等量的ARA。也就是说，DHA和ARA的添加比例至少应该是1：1，ARA的添加量可以多于DHA。

在选购婴儿奶粉时应注意DHA和ARA的含量是否符合国家标准。以上表为例，这款奶粉每100kJ含DHA4.2mg，ARA都是6.7mg，即DHA添加量符合3.6~9.6mg/100 kJ的范围，且ARA的添加比DHA高，符合国家标准。通常母乳中DHA和ARA的比例与新生儿脑脂肪中的比例非常接近，一般为1：2。因此现在配方奶粉中DHA和ARA的最佳比例是模仿母乳的1：2，凡比例为1：1的都是早期配方。

欧盟对于婴儿配方食品的规定跟我国国家标准略有差别，欧盟最新的2016/127法规规定，DHA在一段奶粉和二段奶粉中的添加量为4.8~12mg/100kJ，且ARA的添加量不超过脂肪总量的1%。中国第三代配方奶粉的研发已充分强调DHA的积极作用，目前市场在售的成熟品牌的婴儿配方奶粉基本都添加了DHA[①]。

妈咪提问

Q： 母乳中的DHA是以什么形式存在的？

A： 母乳中的多不饱和脂肪酸基本都是以甘油三酯形式存在的。

---

① Allison L. Morrow, What's new in infant formulas? J. Pediatr. Health Care, 2003.17, 271–272.

Q：两种不同形式的DHA，人体吸收率有什么区别？

A：人体吸收实验证明，57%的DHA以甘油三酯形式被人体吸收，21%的DHA以乙酯形式被吸收。甘油三酯形式的DHA在人体内的吸收率是乙酯形式DHA的300%。

Q：鱼油DHA与藻油DHA哪个更好？

A：鱼油中的DHA以甘油三酯形式存在，但含量偏低（约12%），因此需要采用转酯化方法，丰富鱼油中DHA的含量，所以鱼油产品DHA基本都是乙酯型DHA；而藻油DHA虽然同样以甘油三酯形式存在，但由于含量高达35%，不再需要后续的浓缩酯化，DHA保持天然的甘油三酯形式。

Q：现有奶粉工艺中DHA与ARA的最佳添加方式是什么？

A：目前大部分乳品企业在婴幼儿配方奶粉中添加的DHA、ARA都采用微囊包埋技术，就是将DHA原料大分子细化，用天然磷脂将DHA包裹，形成不易氧化、易吸收、易保存、能掩盖DHA自身腥味的微囊形态DHA。

Q：我买的配方奶粉，营养成分表中没有标明DHA和ARA，只写了多链不饱和脂肪酸和单链不饱和脂肪酸，其中“亚麻酸0.1，亚油酸0.06”。亚麻酸和亚油酸是DHA和ARA转化前的形态吗？

A：是的。亚油酸、亚麻酸是人体合成转化DHA、ARA的前体物质，但婴幼儿转化能力较弱，只能转化0.2%～4%，需要添加比例接近母乳、可以直接吸收的DHA、ARA。

Q：我在怀孕后期吃过一瓶DHA，哺乳期没吃。之前看报道说吃鱼就可以补充DHA，还说DHA对提高孩子智商没用。

A：深海鱼富含DHA，尤其是鱼眼周围。DHA对婴幼儿大脑和视觉发育的作用已有权威科学文献证明。

Q：不是说鱼本身没有DHA吗？鱼只是搬运工，鱼是从吃的藻类中获得的，并且有一定重金属富集的风险，最安全的是直接吃藻类的DHA。

A：是的。鱼油DHA有重金属超标风险，藻油DHA可以通过人工养殖提取，相对安全。

Q：一直喝孕妇奶粉可以不额外补充DHA吗？

A：孕妇奶粉中有DHA，不需要额外补充。

Q：那我哺乳期间是不是坚持喝孕妇奶粉就可以呢？某某配方上没有DHA和ARA，对孩子大脑和视觉发育有影响吗？

A：所以说这款奶粉配方普通啊，影响倒不至于，还有其他补充方式。

Q：那孕妇奶粉可以从怀孕一直喝到哺乳期吗？

A：不用，分娩后就不用喝了。

Q：那哺乳期就喝普通牛奶了吗？

A：对啊。

牛磺酸：已基本成为奶粉标配

牛磺酸（Taurine）又称2-氨基乙磺酸，是一种含硫的非蛋白质氨基酸，在体内以游离状态存在，不参与体内蛋白质的生物合成。因其最早是从牛黄中分离出来的，故得名。科学研究表明，牛磺酸可以促进婴幼儿脑组织和智力发育，提高神经传导和视觉机能，改善内分泌，提高免疫功能。我国国家标准并未对牛磺酸的添加做强制要求，只是对添加范围做出了明确规定：0.8 ~ 4.0mg/100kJ（3.5 ~ 16.7mg/100kcal）。

表 4-4　×× 奶粉营养成分表

营养成分表				
项目	单位	每 100g 粉末	每 100ml 奶液	每 100kJ
能量	kJ	2122	280	100
蛋白质	g	10.15	1.3	0.48
脂肪	g	27.27	3.6	1.29
1,3- 二油酸 -2- 棕榈酸甘油三酯（OPO 结构脂）	g	4	0.5	0.19
亚油酸	mg	3939	519.9	185.63
α - 亚麻酸	mg	318.2	42.0	15.00
二十二碳六烯酸（DHA）	mg	95.5	12.6	4.50
二十碳四烯酸（ARA）	mg	95.5	12.6	4.50
碳水化合物	g	54.17	7.2	2.55
低聚果糖	g	2.27	0.3	0.11
核苷酸	mg	19.7	2.6	0.93
牛磺酸	mg	35.6	4.7	1.68
左旋肉碱	mg	7.6	1.0	0.36

上页表是某品牌奶粉的营养成分表，倒数第二行标注每100kJ含牛磺酸1.68mg，添加量在国家规定的合理范围之内。

妈咪提问

Q：哪些配方奶粉添加了牛磺酸？

A：目前配方奶粉基本都添加了牛磺酸，并都在国家标准规定。

Q：国外品牌的奶粉也添加了牛磺酸吗？

A：国外是强制添加。

Q：奶粉包装上会标注牛磺酸的含量吗？

A：会在营养成分表中标注。

叶黄素，婴儿眼睛的保护神

叶黄素在人体内存在于视网膜黄斑区，作为天然抗氧化剂，可有效保护婴儿的眼睛，抵挡蓝光和氧化危害。母乳叶黄素含量为25μg/L，非母乳喂养的婴儿只能从配方奶粉中获取。1995年，美国食品药品监督管理局（英文全称：Food and Drug Administration，简称FDA，后文简称美国FDA）核准添加叶黄素，2001年国家卫生部核准添加。

OPO结构脂，可以模拟母乳脂质结构

婴幼儿配方奶粉从诞生到现在，经历了很多次技术和营养成分革新，比较典型的，比如调整酪蛋白和乳清蛋白的比例、添加DHA等多不饱和脂肪酸改善脂肪酸组成等。今天，这些都已经成为常规配方。就好比十几年前很多人还认为拥有一部像素点清晰可见的彩屏手机弥足珍贵，如今怕是没人再特地强调自己的手机是彩屏的了。婴幼儿配方奶粉行业的科学家们，通

表 4-5　×× 奶粉营养成分表

营养成分表				
项目	单位	每 100g 粉末	每 100ml 奶液	每 100kJ
能量	kJ	2122	280	100
蛋白质	g	10.15	1.3	0.48
脂肪	g	27.27	3.6	1.29
1,3– 二油酸 – 2– 棕榈酸甘油三酯（OPO 结构脂）	g	4	0.5	0.19
亚油酸	mg	3939	519.9	185.63
α – 亚麻酸	mg	318.2	42.0	15.00
二十二碳六烯酸（DHA）	mg	95.5	12.6	4.50
二十碳四烯酸（ARA）	mg	95.5	12.6	4.50
碳水化合物	g	54.17	7.2	2.55
低聚果糖	g	2.27	0.3	0.11
核苷酸	mg	19.7	2.6	0.93
牛磺酸	mg	35.6	4.7	1.68
左旋肉碱	mg	7.6	1.0	0.36
叶黄素	μg	88	11.6	4.15

过不断地努力发展，让配方奶粉的成分更接近母乳，在更精细的方面下功夫，添加OPO结构脂算得上是其中重要的一步。

什么是OPO结构脂？

OPO是一种结构化脂肪，O和P分别对应油酸Oleic acid和棕榈酸Palmitic acid。这种结构更接近母乳中的脂肪结构，可避免形成钙皂，利于棕榈酸和钙质吸收。

母乳中脂肪的含量及脂肪酸组成与分布特点，是设计婴幼儿奶粉脂肪成分应参照的黄金标准。牛乳中的脂肪无论是脂肪酸组成还是脂肪结构，都与母乳脂肪有显著差异。因此，科学家们通过一些技术来改善配方奶粉中的脂肪酸组成，例如用一种或多种植物油脂进行调配。这些植物油包括棕榈油、大豆油、玉米油、葵花籽油、椰子油等（从奶粉包装上的营养成分表或配料表可以看到，如下表）。

棕榈酸（C16：0）是母乳脂肪中最重要的饱和脂肪酸，棕榈油在人体代谢时产生棕榈酸，因此长期以来婴幼儿配方奶粉

表 4-6　×× 奶粉配料表

配料表
生牛乳、脱盐乳清粉、乳糖、1,3-二油酸-2-棕榈酸甘油三酯（OPO结构脂）、大豆油（非转基因）、无水奶油、乳清蛋白粉（含α-乳清蛋白）、低聚半乳糖（GOS）、低聚果糖（FOS）、磷脂、花生四烯酸油脂（ARA）、二十二碳六烯酸油脂（DHA）、浓缩乳清蛋白粉、柠檬酸、核苷酸（5'-单磷酸腺苷、5'-尿苷酸二钠、5'-鸟苷酸二钠、5'-肌苷酸二钠、5'-胞苷酸二钠）、牛磺酸、L-肉碱酒石酸盐、叶黄素。 维生素：醋酸视黄脂（维生素A）、胆钙化醇（维生素D_3）、dl-α-醋酸生育酚（维生素E）、植物甲萘醌（维生素B_6）、氰钴胺（维生素B_{12}）、叶酸、烟酰胺、D-泛酸钙、D-生物素、氯化胆碱、肌醇。 矿物质：碳酸钙、氯化钠、硫酸亚铁、硫酸锌、碘化钾、硫酸铜、硫酸镁、硫酸锰、氯化钾、亚硒酸钠。

表 4-7　××奶粉营养成分表

营养成分表				
项目	单位	每 100g 粉末	每 100ml 奶液	每 100kJ
能量	kJ	2122	280	100
蛋白质	g	10.15	1.3	0.48
脂肪	g	27.27	3.6	1.29
1,3- 二油酸 -2- 棕榈酸甘油三酯（OPO 结构脂）	g	4	0.5	0.19

中普遍添加棕榈油以期模拟母乳脂肪组成。但是母乳中含有棕榈酸的脂肪分子和配方奶中添加棕榈酸的脂肪分子结构不同（见下图）。母乳中脂肪分子结构中位是棕榈酸，棕榈酸两侧连接的是不饱和脂肪酸油酸（C18：1），这种脂肪结构称为OPO结构。但人为添加的棕榈酸主要酯化在 Sn–1 和Sn–3 位，即中位是油酸，油酸两侧连接的是饱和脂肪酸——棕榈酸，即POP结构。

这些脂肪分子在肠道水解时，胰脂肪酶选择性先脱落两

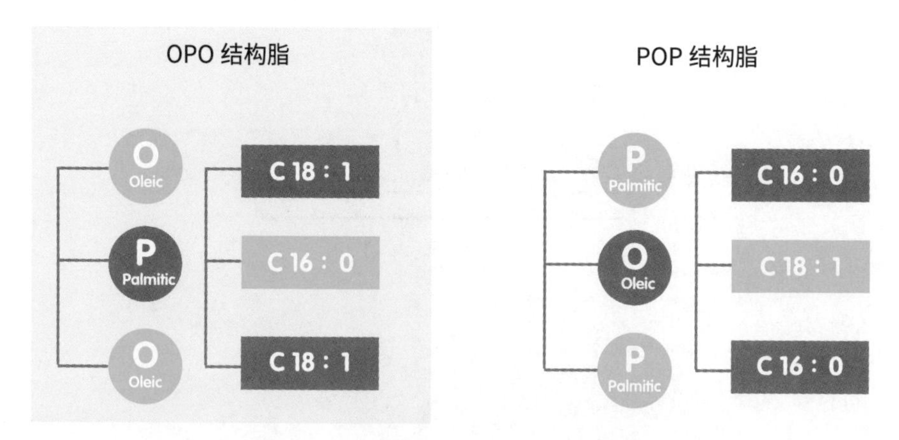

图 4-1　OPO 和 POP 结构脂结构简图

侧的脂肪酸。对于OPO结构的脂肪，脱落的油酸为不饱和脂肪酸，可以被直接消化吸收，因此它不会与钙结合，不造成脂肪和钙的损失。但是对于人为添加的POP结构，Sn–1 位或Sn–3 位上的棕榈酸先脱落，易与肠道内的钙形成钙皂，不利于钙的吸收，同时也可能会使婴儿的粪便变硬，引发便秘。于是科学家们将配方奶粉中的棕榈酸的酯化位点进行了调整（让一部分棕榈酸连在2号位上，油酸连在1号和3号位上），使之接近母乳的分子结构，进而改善消化吸收问题。

由于油酸（Oleic acid）的英文首字母是O，棕榈酸（Palmitic acid）的英文首字母是P，这种调整了结构的油脂因此被称为“OPO结构脂”。又由于2号位也被称为β位，也有商家把这种棕榈酸位于甘油三酯β位（2号位）的油脂称为“β植物油”。这些称呼只是商家们的营销手段，好让自家产品看起来更与众不同，实际上指的都是同一种成分，也就是1,3–二油酸–2–棕榈酸甘油三酯。

添加OPO有什么好处？

目前针对OPO结构脂营养价值的研究主要是通过动物实验和人体实验进行的。通过检测实验对象粪便中的脂肪及钙、镁元素，检测血脂，观察便秘情况等，分析OPO结构脂对脂类和矿物质的吸收以及对血脂的影响。许多临床研究证实，添加OPO结构脂的婴幼儿配方奶粉能有效促进婴幼儿对脂肪酸及钙的吸收，减少大便硬度，降低便秘发生率并能增加骨密度。有些研究发现它可以提升肠道双歧杆菌数量，有助于提高宝宝的免疫力。婴幼儿配方奶粉从最初成分含量接近于母乳，到具体的小分子如脂肪酸的组成类似于母乳，OPO结构脂的成功研制功劳不小。

我国卫生计生委于2012年下发《食品营养强化剂使用标准》（GB14480-2012），核准OPO结构脂可以添加于婴幼儿配方食品中，奶粉添加标准为24～96g/kg。

■ 如何知道奶粉中有没有OPO结构脂?

目前对OPO结构脂的制备工艺及功能研究日趋成熟，以色列AdvancedLipids AB公司生产的InFat™结构油脂，其产品主要销往欧美等国家，年销售额达12亿欧元。由LipidNutrition公司开发的Betapol™结构脂已经应用到多个奶粉品牌。

对于普通消费者来说，虽然很难直接计算奶粉中OPO结构脂占棕榈酸总量的比例，但是通过看配料表和营养成分表还是可以略窥一斑的。如果配料表中有“全脂牛奶”或者使用了“稀奶油”字样，说明其中40%的棕榈酸是天然存在于2号位的。如果配料表中标示的是使用“脱脂奶和植物油”，那就看配料表里面有没有“1,3-二油酸-2-棕榈酸甘油三酯”字样，如果有，那就是额外添加了。然后可以看营养成分表中每100g奶粉中1,3-二油酸-2-棕榈酸甘油三酯的含量，自然是在国家标准规定的范围内含量越多相对越好一些。

如果上面说的这些都没有，不管卖家怎么吹嘘都不要信。比如，有的商家会宣称自己低调内敛不张扬，虽然标签上没写但是也是该添加的都添加了的，等等。对于这类卖家，大家要

表 4-8　××奶粉配料表

配料表
脱脂乳粉、乳糖、植物油、乳清蛋白粉、1, 3– 二油酸 –2– 棕榈酸甘油三酯（OPO 结构脂）、低聚果糖（FOS）、钾（柠檬酸钾）、钠（柠檬酸钠）、大豆磷脂、维生素 C（L– 抗坏血酸）、胆碱（氯化胆碱）、氢氧化钙、花生四烯酸油脂（ARA）、二十二碳六烯酸油脂（DHA）、柠檬酸、碳酸氢钾、牛磺酸、乙基香兰素、肌醇、核苷酸（5’– 单磷酸腺苷、5’– 尿苷酸二钠、5’– 鸟苷酸二钠、5’– 肌苷酸二钠、5’– 单磷酸胞苷）、氢氧化钾、锌（硫酸锌）、维生素 E（dl– α – 醋酸生育酚、混合生育酚浓缩物）、烟酸（烟酰胺）、泛酸（D– 泛酸钙）、抗坏血酸棕榈酸酯、叶黄素、铜（硫酸铜）、维生素 A（β – 胡萝卜素、棕榈酸维生素 A）、锰（硫酸锰）、维生素 B_1（烟酸硫胺素）、维生素 D（胆钙化醇）、维生素 B_2（核黄素）、维生素 B_6（盐酸吡哆醇）、碘（碘化钾）、维生素 K（植物甲萘醌）、叶酸（叶酸）、硒（亚硒酸钠）、维生素 B_{12}（氰钴胺）、生物素（D– 生物素）。

表 4-9　××奶粉营养成分表

营养成分表				
项目	单位	每 100g 粉末	每 100ml 奶液	每 100kJ
能量	kJ	2122	280	100
蛋白质	g	10.15	1.3	0.48
脂肪	g	27.27	3.6	1.29
1,3– 二油酸 –2– 棕榈酸甘油三酯（OPO 结构脂）	g	4	0.5	0.19

谨慎。

宝宝的消化问题，一直都是家长烦恼的，与其乱投医，不如好好了解一下相关科学知识。关于OPO奶粉，大家可以根据宝宝的实际情况进行选择。

奶粉中的益生菌与益生元

益生菌和益生元是选购婴幼儿奶粉时常听到的词，很多妈妈不清楚益生菌和益生元有何区别。益生菌是对人体健康有益的细菌或真菌，如双歧杆菌、乳酸杆菌、酪酸梭菌、嗜酸乳杆菌、酵母菌等。益生元是一种人造低聚糖（模仿母乳中的低聚糖），可作为双歧杆菌、乳酸杆菌等益生菌的代谢底物，促进益生菌的定殖和生长，有利于婴儿快速建立正常的肠道微生态环境。

正常肠道微生态环境的建立既可以提高肠黏膜屏障的作用，有效减少异原蛋白质大分子暴露，又能很好地促进肠道免疫平衡发展，是预防过敏性疾病发生的重要保障。此外，正常肠道菌群的建立还有利于维生素特别是维生素K的合成。

益生菌与益生元都会影响肠道菌群的平衡，但影响的方式不同：益生菌是直接影响肠道菌群；而益生元是通过降低肠道的pH值，促进双歧杆菌、乳酸杆菌等有益菌的生长，间接促进胃肠道健康和营养素的吸收。

益生菌有较明显的针对性，即需要针对不同的病因及体质，添加不同的菌种，如双歧杆菌对胃肠道疾病有显著功效等。只有有针对性地添加，才能有针对性地解决问题。而且益生菌必须经受胃酸（强酸环境）和肠液（碱性环境）的腐蚀，存活性会受到考验，如果不能活着进入胃肠道，则无法发挥功效。再者，益生菌是外部添加的细菌，人体的免疫系统有一个识别的过程，不同体质的人体可能会产生不同的反应。

益生元不是生物，不存在存活率的问题。益生元在通过消化道时，大部分不被人体消化，而是被肠道菌群吸收。最重要的是，它只刺激对人体有益的菌群（益生菌）的生长和活性，不会刺激对人体有潜在致病性或腐败活性的有害菌。

补充益生菌的思路是直接吃进活的细菌，类似于空投一些好细菌来抑制坏细菌。而补充益生元的思路则是，通过提供有益细菌喜欢的食物来扶持它们，从而压制有害细菌。

乳铁蛋白，对初生婴儿极其重要

乳铁蛋白是乳汁中一种重要的非血红素铁结合糖蛋白，具有广谱抗菌效果，对铁吸收有调节作用，对人体肠道菌群有改善作用，还有免疫调节、抗氧化、抗癌等作用。在许多发达国家，乳铁蛋白早已引起众多专家的关注。美国FDA允许乳铁蛋白作为食品添加剂用于运动、功能性食品的生产，日本、韩国也允许乳铁蛋白作为食品添加剂应用。

母乳中含有丰富的乳铁蛋白，但牛乳中含量低，故普通婴儿配方奶粉中几乎不含乳铁蛋白。在婴儿配方奶粉中强化乳铁蛋白，使其营养成分接近母乳，对满足初生婴儿的营养需求和促进生长发育极其重要。乳铁蛋白在国外已广泛应用于乳制品的生产中，如酸奶、婴儿配方奶粉，尤其是在婴儿配方奶粉中。我国也于2004年允许婴儿配方奶粉中添加乳铁蛋白，添加标准为≤1.0g/kg。现如今很多主打“高端配方”的奶粉中都添加了乳铁蛋白。2011年，国家卫生计生委以给中国乳制品工业协会复函的形式（《关于乳铁蛋白等食品营养强化剂标准使用问题的复函》卫监督食便函［2011］313号）允许继续使用≤1.0g/kg这一乳铁蛋白添加标准。

这次复函将乳铁蛋白、酪蛋白钙肽、酪蛋白磷酸肽等食品营养强化剂从《食品安全国家标准食品添加剂使用标准》（GB2760-2011）中删除，调整至新修订的《食品安全国家标准食品营养强化剂使用标准》（GB14800-2012），明确其可以用于调制乳、风味发酵乳和含乳饮料，添加标准依然是≤1.0g/kg。《食品安全国家标准食品营养强化剂使用标准》（GB14800-2012）于2012年3月15日公布，自2013年1月1日正式实施。

妈咪提问

Q：乳铁蛋白应该是红色细小颗粒，干法工艺添加，最好的是荷兰DMV公司生产的，我说的对吗？

A：以前或许是，但是现如今随着技术的发展，各厂家生产乳铁蛋白的技术都比较成熟，符合国标的各厂家产品差别不大了。

Q：乳铁蛋白的英文是lactoferin吗？婴儿奶粉中一定要添加乳铁蛋白吗？

A：乳铁蛋白的英文是lactoferin。乳铁蛋白不是婴儿配方奶粉必须添加的成分。以前乳铁蛋白的全球产量较低，每年只有60吨左右，每千克乳铁蛋白的售价可达上千美元。目前乳铁蛋白的全球产量已增至400吨左右，每千克的售价在500~800美元。

Q：如果奶粉中添加了乳铁蛋白，会在奶粉包装上标注出来吗？

A：会的，添加乳铁蛋白成本很高，奶粉的价格也会提高。

奶粉中的左旋肉碱不是减肥药

肉碱（L-carnitine），临床常称为左卡尼汀，化学名β-羟基γ-三甲铵丁酸，是一种广泛存在自然界中的类维生素，是由两位俄国科学家Gulewitsch和Krimberg于1905年在肌肉浸汁中首次发现的。

肉碱有左旋肉碱（L-肉碱）和右旋肉碱（D-肉碱）两种光学异构体，其中只有L-肉碱具有生理活性。自然界中只存在L-肉碱，它是微生物、动物及植物的基本成分之一。而D-肉碱是人工合成物，自然界中不存在，不仅没有生物活性，而且还对L-肉碱有竞争性抑制作用，美国FDA于1993年已禁止销售D-肉碱。

通常我们所说的肉碱都是L-肉碱。人体中L-肉碱的来源有两种途径：一是体内合成，主要合成部位为肝脏和肾脏；

二是膳食摄取，膳食中L-肉碱主要来源于动物肉类，羊肉中最丰富。膳食摄取是人体内肉碱的主要来源，约占每天需要量（100～300mg）的75%。

那么，L-肉碱在人体中有什么作用呢？1958年，研究人员发现L-肉碱能加速脂肪代谢速率，为机体提供能量来源，确立了其对人体脂肪酸氧化的重要作用，是人体的必需物质。如果体内肉碱缺乏，脂肪代谢紊乱，会造成肌肉供能不足，产生机体疲劳及相关的心血管疾病，还会造成脂类物质在肌纤维和肝脏中积累，产生肥胖、脂肪肝等。

由于婴儿的主要能量供应都来自奶中的脂肪，因而食物中的L-肉碱含量对婴儿十分重要（尤其是早产儿）。婴儿自己合成L-肉碱的能力较弱（只有成人的12%），摄入来源有限，所以婴儿奶粉中可以合理添加。但接下来一定有妈妈会问，添加L-肉碱安全吗？

美国FDA、WHO、我国卫生部均确认了L-肉碱的安全性，并允许将其添加至婴幼儿配方食品中。截至目前，全球已有22个国家和地区允许在婴儿奶粉中加入L-肉碱，以预防肉碱缺乏症。L-肉碱添加于奶粉中的安全性毋庸置疑。

妈咪提问

Q：为什么奶粉要含左旋肉碱，我一直有这个疑问，望解答。

A：奶粉中添加左旋肉碱，有益于宝宝体内的脂肪代谢。

母乳低聚糖，促进免疫功能发育的重要成分

现如今，技术创新已经成为推动婴幼儿配方奶粉差异化的核心动力。母乳低聚糖是母乳中含量排第三的固体成分，在支持婴幼儿肠道菌群建立和免疫等方面发挥了重要作用，近年来备受关注。

■ 什么是母乳低聚糖？

母乳低聚糖（Human Milk Oligosaccharides），简称HMOs。在人乳中已经鉴定出的200多种低聚糖中，2'-岩藻糖基乳糖（2'-FL）是含量最丰富的。

作为母乳中的重要活性成分，HMOs在生命早期对宝宝有多重健康益处。例如，促进双歧杆菌的生长，抑制有害菌来促进肠道微生态的发育；加强肠道屏障功能；支持免疫功能发育等。最新的研究证据表明，HMOs在调节神经系统和认知发育、支持骨骼健康和协调生长等方面也发挥着重要作用。研究表明，在婴儿膳食中添加HMOs，有助于缩小母乳喂养宝宝和配方奶粉喂养宝宝之间的差距。

HMOs已成为继DHA、OPO等成分之后，婴幼儿配方奶粉中的又一种明星成分。不过，母乳中HMOs的种类众多，结构复杂，且存在显著的个体差异，所以很难被完全还原。不同的HMOs对宝宝的作用也不尽相同，如何确定最适合添加到配方奶粉中的HMOs种类和含量需要基于科学研究进一步探索。

■ 婴幼儿配方奶粉中可以添加HMOs吗？

HMOs目前已在全球100多个国家和地区，被允许用于多种食品中，不过一般不作为转基因食品管理。批准的添加水平是基于不同国家和地区各自母乳中HMOs的含量情况，不同的HMOs成分批准使用量因其在母乳中含量水平不同而不同。

2019年11月29日，欧盟委员会发布 2019/1979号条例，批准2'-岩藻糖基乳糖及其混合物作为新型食品投放市场。该条例允许欧盟范围内乳品企业在巴氏杀菌奶、UHT奶、各种酸奶、饮料中添加，大多数产品的允许添加量为2g/L。欧盟也允许将母乳低聚糖新食品原料添加至“供幼儿食用的奶类饮品”中。

近些年，我国也努力实现了让HMOs从审批到允许产业化的应用。

2021年，国家卫健委开始受理和审批转基因微生物食品添加剂新品种，给通过基因改造的微生物发酵生产HMOs在中国的合规使用奠定了基础。

2023年7月18日，中国食品科学技术学会组织起草的《母乳低聚糖（HMOs）的科学共识》在北京正式发布。中国工程院院士、国家食品安全风险评估中心总顾问陈君石院士，来自江南大学、中国海洋大学、北京大学、国家食品安全风险评估中心、中国疾病预防控制中心营养与健康所等高校及科研院所的专家，以及相关行业代表和媒体代表共同见证了共识发布。这项共识能够为HMOs的审批提供科技支撑，推动其应用和研究，同时为消费者科学认知HMOs提供权威指导。

2023年10月7日，国家卫健委发布公告称，HMOs中的2’FL（2’-岩藻糖基乳糖）和LNnT（乳糖-N-新四糖）正式批准为食品营养强化剂，可应用于婴幼儿配方奶粉、调制乳粉（儿童用）以及特殊医学婴儿食品。HMOs作为食品添加剂在国内应用，得到卫健委的获批，也表明中国婴幼儿配方奶粉行业的母乳研究及产业创新水平的整体提升。

乳脂肪球膜，新一代的“脑黄金”

母乳是婴儿最理想的食物，乳脂肪球膜（Milk Fat Globule Membrane，简称MFGM）作为母乳中重要的成分之一，逐渐得到重视并在婴幼儿配方奶粉中得到应用。

MFGM是一种包裹在乳脂肪液滴表面，由极性脂质、胆固醇和蛋白质等组成的复杂的3层磷脂蛋白膜。其主要成分包括磷脂酰胆碱、磷脂酰乙醇胺、磷脂酰肌醇、磷脂酰丝氨酸、鞘磷脂、糖脂、神经节苷脂、胆固醇等脂质，以及膜特异蛋白、酶和黏多糖等。

现有研究表明，添加MFGM的配方奶粉，磷脂组成比例与母乳更接近，具有良好的安全性和耐受性。

MFGM对婴幼儿的生长发育有重要的作用。首先，MFGM可以促进婴幼儿大脑发育，母乳中的磷脂主要存在于MFGM

上。脑磷脂群是大脑结构的组成成分，也是促进神经元生长的必备物质，对大脑信息调控和维持神经信息的传导有着不可或缺的作用。

MFGM还能增强婴儿的免疫力。有研究发现，MFGM能够改善代谢模式，减少中耳炎累积发病率、减缓发热程度，有助于提升宝宝的免疫力。此外，MFGM对肠道菌群也有改善作用，能够减轻腹泻的严重程度，对宝宝的肠道有好处。

不过，目前我国的婴幼儿配方奶粉中，还不允许直接添加和声称含有MFGM。目前市售的一些奶粉是通过添加富含MFGM的乳清蛋白粉来把MFGM添加到奶粉中的。

由于传统的婴幼儿配方奶粉大多全部使用植物油，不含有乳脂肪，也因此缺少了其中的乳脂肪球膜。除了直接添加富含MFGM的乳清粉，如果在婴幼儿配方奶粉中使用部分乳脂肪，自然也会带入一部分MFGM。MFGM作为一种新兴营养成分，或许能让婴幼儿配方奶粉在模拟母乳的道路上再前进一点点。

骨桥蛋白，为宝宝健康添砖加瓦

骨桥蛋白（Osteopontin，简称OPN）因最初在骨细胞中发现，且具有骨基质矿化连接功能而被命名为骨桥蛋白，其存在于骨骼、血液、乳汁等多种组织和体液中，在母乳特别是初乳中含量最为丰富，约占母乳总蛋白含量的5%～10%，是人乳中含量极为丰富的功能性蛋白质之一。来源于包括人乳在内的各种哺乳动物乳汁的骨桥蛋白被称为乳源性骨桥蛋白，简称乳桥蛋白（Lactopontin，简称LPN）。

OPN非常稀有，有研究表明，OPN在母乳中的含量仅为138mg/L，而在牛乳中的含量为18mg/L。目前，市面上所售的奶粉中添加的OPN成分基本是源于牛乳原料。牛乳原料经过一系列的分离、纯化技术，再经浓缩、冷冻干燥后，提取出OPN冻干粉。

OPN作为一种多功能的蛋白质，不仅在骨骼形成和修复中扮演关键角色，还在免疫调节和细胞信号传导等方面发挥着重要作用。它同时也可以帮助优化肠道内环境，提升肠道防御功能。在奶粉配方中加入骨桥蛋白，已成为一些高端婴幼儿奶粉品牌常规的做法。

现如今，OPN已经实现了工业化生产，已在欧盟地区获批应用于食品加工。欧盟规定牛乳清来源的OPN，可以在35个月以下的婴幼儿配方奶粉和即食乳制品中添加，最大添加量为151mg/L。

我国多种婴幼儿配方奶粉也声称添加了OPN。不过，因为OPN属于特殊营养成分，存在于乳原料中，很难计算具体成分，官方也没有出台配方奶粉中OPN含量的相关标准，所以目前以OPN成分为卖点的新国标奶粉并没有在包装上标注含量数据。

作为近几年才开始受到乳企关注的重要营养成分，OPN未来在奶粉营养价值研究和应用上还有很大的拓展空间。

◆ 婴儿配方乳粉中常见的营养成分功能总结如下：

下面是奶粉中常见添加成分的生理功能总结，希望对你有所帮助。

常见成分和生理功能

成分	生理功能
DHA/二十二碳六烯酸	可由 α－亚麻酸转化。DHA 是所有神经细胞和视网膜的主要组成部分，有助于大脑和视力发育等
AA/ARA/花生四烯酸/二十碳四烯酸	可由亚油酸转化，有助于大脑和视网膜的功能的发育等 注：有些奶粉声称添加 LCP，LCP 是长链多不饱和脂肪酸的英文缩写，主要包括 DHA 和 ARA
叶黄素	保护视网膜免受氧化损害
牛磺酸	促进大脑生长发育、增强机体免疫力、保护心血管系统、促进脂肪乳化和视网膜的发育等
核苷酸	促进发育、增强免疫、保护肠道微环境、减轻腹泻等
肌醇/环己六醇	促进生长、促进毛发生长、脂肪代谢等
OPO 结构脂/1,3－二油酸－2－棕榈酸甘油三酯	避免游离棕榈酸和钙形成钙皂，改善营养吸收和便秘、促进骨骼发育、改善肠道菌群等
乳铁蛋白	抗菌，抑菌，抗病毒、调节铁吸收、改善肠道菌群、免疫调节作用等
益生菌，包括双歧杆菌	促进有益菌的生长，抑制有害菌数量，促进肠道内菌群平衡、促进矿物质吸收
益生元	具体包括低聚半乳糖（GOS）、低聚果糖（FOS）、多聚果糖等。常提到的双歧因子为低聚果糖＋低聚半乳糖 益生菌的“食物”，促进有益菌的生长，抑制有害菌数量，改善肠道环境，有利于排便通畅

◆ 合法渠道销售的奶粉都必须是符合我国国家标准的合格奶粉，而配方是基础配方还是升级配方可以看以下几点：

——碳水化合物中乳糖含量接近或等于100%；

——乳清蛋白和酪蛋白比例至少为6：4；

——含有DHA、ARA，且DHA和ARA的比例为1：2；

——适量添加一些虽然目前不是强制添加但是已经有很多研究证明其安全且有可能有益的成分，如DHA、牛磺酸、叶黄素、OPO结构脂、益生菌、乳铁蛋白、HMOs等。当然这只是从配方的角度来看，对于消费者来说还需要考虑性价比。

再次强调，无论配方如何升级，始终比母乳差很远。选择好的配方奶粉需要做功课，顺利母乳喂养更需要好好做功课，希望各位准父母和新手父母能把更多的精力放在学习如何进行母乳喂养上。愿每个宝宝都能吃上最完美、最适合的食物——母乳。

小测试：看看你家的奶粉含有哪些可选添加成分

品牌	产地（奶源）	版本	OPO结构脂	牛磺酸	叶黄素	乳铁蛋白	DHA	HMOs
XX奶粉	新西兰	原装进口	×	√	×	×	√	√

特殊配方，特别的爱给特别的你

特殊配方奶粉，是专门为患有特殊疾病或有特殊医疗状况的婴儿设计的，单独食用或与其他食物配合食用时，其能量和营养成分能满足婴儿6月龄以内生长发育需求的配方奶粉。如果简单对比一下婴儿配方奶粉和特殊配方奶粉的国家标准很容易发现，特殊配方奶粉的国家标准里删掉了有关乳清蛋白和乳糖的最低含量的要求。为什么呢？我们不妨来看一下常见的婴儿特殊配方奶粉都有哪些，看过之后你就会明白了。

部分水解、深度水解与氨基酸配方奶粉

水解蛋白配方是针对过敏体质婴儿设计的特殊配方奶粉，这类奶粉在加工时将牛奶中的蛋白质完全分解或部分分解，以降低过敏概率，但并不影响蛋白质的营养价值，还能缓解宝宝便秘、胀气、腹泻等消化问题。

根据水解程度不同可以分为三类：部分水解配方、深度水解配方和氨基酸配方。为了搞清楚三者的区别，不妨举一个例子。那些对牛奶蛋白或多种食物蛋白过敏的宝宝来说，食物中的蛋白质就好比用乐高积木搭成的一个可怕的怪物，宝宝见了会害怕，于是唤醒了体内的免疫系统来与这个怪物战斗，然后湿疹等过敏症状就出现了。

因此，对于那些具有高过敏风险的宝宝，比如父母曾经有食物过敏史等，为了预防宝宝见到怪物会害怕，我们就预先把牛奶蛋白质水解成一些大小不等的肽段，这就好比把乐高积木搭的这个怪物给拆成了大小不一的部分，看起来已经不那么可怕了。这就是部分水解配方奶粉。然而对于一些十分敏感的宝宝，即使把怪物拆开了，其中的一些部分仍然让他们感到害怕。这时候，只好把积木再拆得零碎一些。对于蛋白质来说，也就是进行深度水解，使之只剩下很小的一些肽段，这就是深度水解配方。然而，还有的宝宝特别敏感，那只好继续拆，把

积木完全拆成一块一块的。对于蛋白质来说，也就完全变成了一堆氨基酸，这就是氨基酸配方。

简单总结一下，部分水解配方是用来预防过敏，而深度水解配方和氨基酸配方则是用于那些已经出现了严重的蛋白过敏症状的宝宝。无论在国内还是在国外，深度水解配方和氨基酸配方都需要在医生指导下喂养，妈妈们不要擅自给宝宝吃。长期食用上述奶粉且没有及时转用适度水解奶粉和普通奶粉的宝宝，有可能一旦脱离食用环境就会出现更大的过敏风险。而且水解奶粉非常难吃，没接触过的千万别以为是假奶粉。

随着过敏宝宝群体增加及科学喂养理念渐入，未来两年内，婴儿配方奶粉销量最好的将会是适度水解奶粉，各厂家谁夺得适度水解市场消费者认可，将会成为下一个赢家。我国卫生计生委、美国儿科学会、法国儿科学会均有文献指出，对无法母乳喂养的宝宝，6月龄内使用适度水解奶粉能有效降低出生第一年罹患过敏性湿疹的风险。

值得注意的是，不论是大豆配方奶粉还是以羊奶为基础的羊奶粉，都不能有效降低婴儿对蛋白质过敏的风险。唯一有效的方法就是，保证宝宝出生后吃到的第一口奶是母乳！

妈咪提问

Q：宝宝1周岁前母乳喂养，现在断奶，喝普通奶粉，出现腹泻，是暂时停奶粉还是换成部分水解奶粉？

A：暂停奶粉，腹泻有可能是乳糖不耐受，不需要换部分水解奶粉。

Q：那可以吃奶酪或者酸奶吗？如果是乳糖不耐受，应该喝哪种奶粉呢？

A：你必须先确定是什么原因导致宝宝腹泻。乳糖不耐受吃奶酪和酸奶都可以，但有部分严重不耐受的宝宝依然会腹泻。如果确定是乳糖不耐受，可以先尝试无乳糖奶粉，但不建议长期食用，乳糖不耐受是可以逐步调整、缓解的。

Q：我朋友的孩子对牛奶蛋白过敏，奶粉售货员说喝QF（品牌名缩写）不会过敏，是吗？还是喝深度水解奶粉好？急！

A：必须喝深度水解奶粉。

Q：部分水解蛋白奶粉和普通奶粉比，营养成分上有区别吗？孩子一直喝部分水解蛋白奶粉，很担心。

A：部分水解奶粉目前种类比较多，有的只是对蛋白进行了部分水解，其他成分跟普通奶粉类似。有的则同时还属于无乳糖奶粉，里面是用其他碳水化合物，比如麦芽糊精代替了乳糖。不论哪种，都可以保证。宝宝健康成长，无须担心。

Q：除了QC（品牌名缩写），其他品牌的水解配方怎么样？

A：水解蛋白配方没有多大差异，除了QC，还有许多厂家生产，都可以选用，没有必要分品牌对配方分析解读。

Q：您的意思是QC的配方最好，其他的都差不多，对吗？

A：您理解错了，我的意思是各家配方都差不多。

Q：我的宝宝患细菌性肠炎后，医生让我停母乳换氨基酸奶粉。我换了，但宝宝不吃奶粉，最多吃30ml，而且每次喝奶粉后当日或隔日喝母乳都会呕吐。宝宝有湿疹。我不知道应该怎么办了！宝宝才4个多月吃药就吃了近2个月了！

A：氨基酸奶粉味道太差了，宝宝不喜欢喝很正常。找医生咨询，可否换成深度水解蛋白奶粉。

Q：氨基酸配方奶粉和深度水解配方奶粉和普通配方奶粉的营养一样吗？可以长期吃吗？

A：营养没有太大变化，但不能长期吃，宝宝病症缓解后要换成部分水解配方奶粉，然后再换成普通配方奶粉。

无乳糖或低乳糖配方奶粉

顾名思义，这种特殊配方奶粉就是把奶粉中的乳糖部分或者全部用其他糖类代替。很多人可能都有过一次喝了太多牛奶导致腹胀的经历，这就是乳糖不耐受，是由于成人体内乳糖酶缺乏而不能有效分解乳糖所致。虽然婴儿很少发生乳糖不耐受，但是也仍然有一些婴儿会有先天性乳糖酶缺乏的问题。如果是这种情况，就需要在医生的指导下，选用无乳糖或低乳糖配方奶粉。还有一种情况，就是婴儿在使用抗生素后出现腹泻，这主要是由于暂时性的肠道菌群紊乱以及乳糖酶不足所致。如果是母乳喂养，可以在医生指导下通过补充乳糖酶解决；而若是配方奶粉喂养，则可以临时转换为无乳糖或者低乳糖配方奶粉。

还有极少数的婴儿患有一种称为半乳糖血症的遗传病，他们有充足的乳糖酶可以把乳糖分解为葡萄糖和半乳糖，却没有能把半乳糖进一步分解的酶。对于这种宝宝，不论是母乳还是普通配方奶粉都不能适应，只有无乳糖配方的特殊配方奶粉才能保证其正常成长。

早产儿/低出生体重儿配方奶粉

由于胎儿在母亲体内通过脐带获取能量和营养的效率非常高，因而对于一些早产儿或者出生时体重非常轻的宝宝，普通配方奶粉的能量密度和营养物质含量可能会偏低，同时其中的一些成分对他们来说也相应地难以消化吸收。早产儿/低出生体重儿配方含有更高的能量密度、更丰富的营养素，以及更容易消化的成分，可以让这些宝宝尽快赶上足月儿的发育水平。以某品牌早产儿配方奶粉与同系列婴儿配方奶粉做比较发现，早产儿配方奶粉中的各种营养素含量普遍高于普通奶粉。

防吐奶配方奶粉

宝宝吐奶想必是绝大多数父母都会遇到的问题，一般情况下并不需要使用特殊配方奶粉。但是如果情况比较严重，则可以选择防吐奶配方奶粉。这类奶粉防吐奶的原理其实很简单，就是通过增加配方奶的黏稠度来防止吐奶。在这种特殊配方里，通常会使用淀粉、角豆粉或者麦芽糊精代替一部分碳水化合物，增加奶液黏稠度，达到增稠的效果。防吐奶配方奶粉一般还会提高酪蛋白的比例。与乳清蛋白相比，酪蛋白在胃中凝块大，消化慢，有利于防止吐奶。

防便秘配方奶粉

前面说了如果缺乏乳糖酶，乳糖在肠道内被细菌分解之后引起肠道渗透压增高，就容易导致腹泻。而便秘和腹泻则相反。所以，要想防止便秘，可以在增加更加容易消化的乳清蛋白的比例的同时，增加配方中乳糖的含量，以达到预防便秘的目的。

顺应市场的剖宫产奶粉

据2012年世卫组织的报告，中国剖宫产比例已达46.2%，远超发达国家12%，剖宫产奶粉已成为必须推出的产品。与一段奶粉相比，剖宫产奶粉强化乳铁蛋白，增强宝宝免疫力；因宝宝未经产道挤压易吸入羊水感染，剖宫产奶粉强化益生菌、益生元组合；乳清蛋白、酪蛋白比例至少为6∶4。

除了上面介绍的几种比较常见的特殊配方奶粉之外，还有其他一些专门用于治疗一些罕见的代谢异常疾病的特殊配方奶粉，比如甲基丙二酸血症、苯丙酮尿症（PKU）等。由于这类奶粉实际上属于药物的范畴，就不多做介绍了。

特殊配方奶粉种类繁多，尤其是现在很多特殊配方奶粉都是通过海外代购等途径出现，很多人并不会仔细研究包装上的外文说明。因此对于特殊配方奶粉，最好在儿科医生的指导下购买和使用。随着婴儿配方食品相关国家标准的完善，相信在不久的将来，国内的特殊配方奶粉也会越来越丰富，把特殊的爱带给每一个需要特殊关爱的宝宝。

- 部分水解奶粉用来预防宝宝蛋白质过敏，而深度水解配方和氨基酸配方则用于那些已经出现了严重的蛋白质过敏症状的宝宝。深度水解和氨基酸配方奶粉需在医生指导下喂养。
- 普通婴儿配方奶粉乳糖含量达90%以上。很少有婴儿会发生乳糖不耐受，但是也有一些婴儿会有先天性乳糖酶缺乏的问题，要无乳糖或低乳糖配方的配方奶粉。
- 早产儿出生体重较轻，需要高能量密度、高营养素的奶粉来追赶生长。早产儿/低体重配方奶粉中各种营养素含量普遍高于普通奶粉。
- 防吐奶奶粉一般通过两个途径来防止吐奶。第一，用淀粉、角豆粉等代替部分碳水化合物，增加奶液黏稠度。第二，适当提高酪蛋白比例，因为相对于乳清蛋白，酪蛋白在胃中凝块大、消化慢。

买奶粉，合法进口与海淘代购

2008年的三鹿奶粉事件使国产奶粉品牌的形象跌到谷底，消费者纷纷转而购买洋奶粉，海淘代购这一交易中间人群体应运而生。很多妈妈觉得海淘奶粉品质有保证，价格还便宜，却忽略了其中的食品安全风险。这一章将重点介绍合法进口和海淘代购有何区别，如何防范食品安全风险。

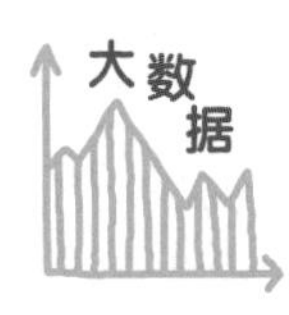

根据尼尔森的调查数据显示，2019～2023年，我国婴幼儿配方奶粉进口量基本呈下滑趋势：2020年下滑3.04%；2021年下滑21.88%；2022年微增1.49%；2023年下滑16.04%，跌至22.30万吨，基本上回到了2016年的进口量水平。

2019～2023年，澳大利亚、瑞士等其他国家，进口量下滑幅度较大。

这些年，除了欧盟成员国、新西兰、澳大利亚、韩国、瑞士外，其他国家出口至我国的婴幼儿配方奶粉量越来越少，占比从2019年的1.1%，跌至2023年的0.1%。

表 6-1　2019～2023 年我国婴幼儿配方奶粉进口量及来源国比重（进口量：万吨）

年份	总进口量	欧盟进口量	欧盟占比	新西兰进口量	新西兰占比	澳大利亚进口量	澳大利亚占比	韩国进口量	韩国占比	瑞士进口量	瑞士占比	其他国家进口量	其他国家占比
2019年	34.55	24.74	71.6%	6.96	20.1%	1.29	3.7%	0.58	1.7%	0.63	1.8%	0.37	1.1%
2020年	33.50	23.68	70.7%	7.23	21.6%	1.12	3.3%	0.61	1.8%	0.57	1.7%	0.29	0.9%
2021年	26.17	18.08	69.1%	6.06	23.1%	0.84	3.2%	0.6	2.3%	0.36	1.4%	0.22	0.8%
2022年	26.56	19.23	72.4%	5.68	21.4%	0.69	2.6%	0.61	2.3%	0.26	1.0%	0.08	0.3%
2023年	22.30	15.61	70.0%	5.74	25.7%	0.35	1.6%	0.33	1.5%	0.24	1.1%	0.03	0.1%

奶粉，不能简单地分为国产和进口

说起奶粉，大家总习惯说进口奶粉如何如何、国产奶粉如何如何。其实，简单地把奶粉分为国产和进口并不合理。因为婴幼儿配方奶粉是由多种原料混合而成的，这些原料可能来自不同的国家，而生产也可能分成多个步骤在不同国家进行。因此，按照原料来源和生产工艺区分奶粉更合理。

按照原料来源和生产工艺的不同，奶粉可以分成国产原料+国内生产、进口原料+国内生产、进口成品+国内分装和国外原料+国外生产（原装进口）四类。但进口成品+国内分装这种方式（使用国外奶源，在国外工厂生产，用大包装运到国内，由国内工厂分装后销售）已经被禁止使用，所以，现在在中国大陆市场销售的奶粉基本可以分为3类，即国产原料+国内生产、进口原料+国内生产和国外原料+国外生产（原装进口）。

■ 国产原料+国内生产

这类奶粉通常是利用国内奶源，在其中添加其他营养元素，形成均一的混合液体，经过杀菌、均质、浓缩，喷雾干燥成奶粉（湿法工艺）。

很多消费者对国内奶源不放心，实际上，无论哪里生产的奶粉，良好质量的基础是管理良好的牧场。自从三鹿事件之后，国内的乳品企业大多已经比之前更重视奶源建设了。如果有管理良好的牧场作为奶源，通常质量是有保障的。

■ 国外原料+国内生产

把进口的基粉（奶粉的主要原料）和其他各种粉状原料，在国内工厂经称量、杀菌、混合均匀之后包装销售（干法工艺）。以前这类奶粉的外包装上会标注“进口奶源”，我国最新的配方奶粉注册管理办法要求不得模糊使用“进口奶源”字样，须明确标注奶源地。

由于原料粉生产之后和罐装之前要经历长途运输，运输期间用的包装方式通常也不如成品罐装坚固，而且这期间不会再有热处理的过程，若是原料在长途运输过程中遭到污染，则可能会影响最终产品的安全性。因此，采用这种方式生产的企业就更需要严加控制原料的各项指标。

■ 国外原料+国外生产（原装进口）

在国外的工厂，利用当地奶源和其他原料，经过杀菌、均质、浓缩，喷雾干燥成奶粉（湿法工艺），并包装成单独的奶粉罐，运到国内销售。这种方式生产的奶粉，相对来说安全性更高，但成本也会相应增加。

目前大多数国产奶粉品牌采用的是国产原料+国内生产和进口原料+国内生产两种方式，而大多数进口奶粉品牌则是采用原装进口的方式，但是也有进口品牌在国内生产或者国内品牌在国外代工生产的情况。因此，国产奶粉和进口奶粉的界限并不清晰，不应简单地把奶粉分为国产奶粉和进口奶粉，更不应盲目地认为进口奶粉就一定比国产奶粉好。

总的来说，合格的奶粉不论是国产还是进口，都可以保证宝宝的健康成长，但是哪里的产品也都有发生安全事故的可能性。原料来源和生产工艺只是可能影响产品质量的一个方面，良好的生产规范和溯源体系才是产品质量的真正保障。

奶粉，漂洋过海的N种方式

部分内容来源：《中国日报》天津记者站

奶粉从国外到国内，主要有两种途径。第一种，入跨境电子商务三大试点园区。入园又分两种模式，第一种叫“海外直邮”模式，第二种叫“保税备货”模式。第二种途径是不入园区，即我们经常接触的海淘、代购等。

■ 海外直邮与保税备货

海外直邮模式即消费者在境外网站下单，货品在海外包装，通过国际物流分批进入保税区，然后通过清关和国内快递送到消费者手中。亚马逊、日本乐天、德国海淘等都属于海外直邮模式。

保税备货模式则是企业在境外采购货品，通过国际物流进入园区保税仓库，消费者通过电商平台下单，货品在园区内包装、从园区发出，通过清关和国内物流送到消费者手中。保税备货模式物流时间大大缩短，下单当天或隔天就能收到货。京东海外购、天猫国际、唯品会、聚美优品、美悦优选等属于保税备货模式。

从流程来看，海外直邮模式和保税备货模式最大的区别是，一个是先下单再发货，另一个是先发货再下单。这两种模式都大大减少了中间环节和成本，渠道正规并能快速通关。而且对于消费者来说，如果有投诉产品质量安全问题，第一可以找电商平台，因为它在检验检疫部门有备案；如果平台不予解决，还可以找相关职能部门，问题是可以得到解决的。

妈咪提问

Q：奶爸，保税区跨境购能保证是真货吗？

A：海关对知识产权的保护与工商不同，如果商品权利人没有在海关备案或主动提出申请，海关并不承担打假的义务。在商品流通环节，工商会负责打击假货，但保税区跨境购是在区内关外完成交易，目前工商的监管应当还没延伸到保税区内部。

■ 海淘、代购的常见模式

◇ **海外购物网站+外币支付**：最传统的海淘模式，境内消费者需登陆并注册海外购物网站，国内消费者还需持有一张外币信用卡，语言障碍也是其中的因素。

◇ **海外购物网站+人民币支付（发展后）**：如亚马逊等大型境外购物网站已经支持人民币在线支付。

◇ **境内导购网站+人民币支付（现在发展模式）**：国内海淘导购网站与境外商家合作，将境外商品进行再加工后，以中文介绍和人民币价格展示给境内消费者，客户可享受与国内购物完全一样的购物体验，克服了语言与外币卡的双重障碍。

◇ **海外代购模式**：通过他人在国外购买并带入国境，或通过邮政系统寄到国内。

海淘奶粉≠进口奶粉

本节部分内容选自山东荣成检验检疫局

> 根据中国相关法律释义，除了“通过国境口岸正式报关并经检验检疫进入的境外食品”可以称为“进口食品”以外，以走私、入境人员带入境、网络平台直邮以及海购等方式进入境内的食品都不属于进口食品。对消费者来说，明白“进口食品”与“境外食品”的区别是保护自身合法权益的起点。
>
> ——北京市食药局法制处处长冀玮

■ 配方标准不同

许多妈妈选择为宝宝海淘奶粉，一个主要原因是她们觉得外国宝宝喝的奶粉才是好奶粉，外国宝宝自己喝的奶粉一定品质更好、更安全。这其实是一个很大的认识误区。虽然各国在制定婴儿奶粉的配方标准时都是以国际食品法典标准为基准，但又都根据本国婴幼儿的饮食习惯和膳食营养水平有所调整。地域、环境、民族习惯、膳食结构等不同，使奶粉配方也有所不同。例如，美国婴儿配方奶粉标准对铁元素的含量限定了下限，没有规定上限。但是中国人和美国人的体质特点不同，所以中国的奶粉标准对铁元素的含量规定了上限，一些美国奶粉铁含量超过国标上限。长期铁超标会有铁中毒、消化道出血的风险。

每个国家的出口产品都是按照进口国的法律法规和标准要求组织生产的，也就是说通过合法渠道出口到我国的奶粉，也要按照中国的标准生产，其成分配比（包括蛋白质、矿物质、

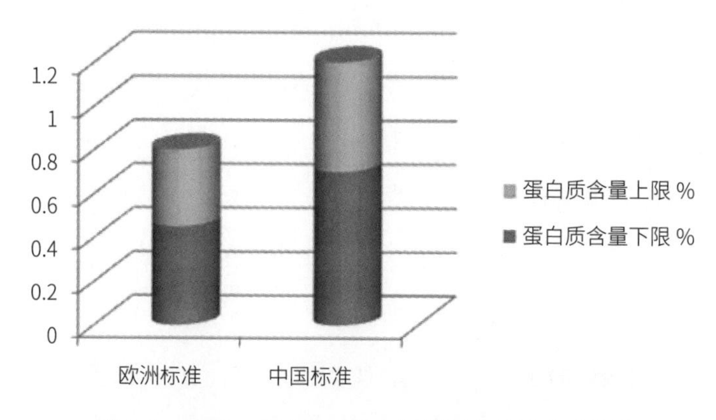

图 6-1　欧洲、中国婴儿配方奶粉标准的蛋白质差异

维生素等含量）要适合中国宝宝的膳食营养需求。而海淘奶粉是按照生产国质量标准生产的，不一定能满足中国宝宝的营养需求，有可能因为某些必需营养素含量偏低，造成营养不均衡，影响宝宝的生长发育。而且很多代购为了卖货，把一些很普通的奶粉吹得天花乱坠，而消费者很难鉴别（关于这一点，下一章将做具体分析）。

■ 监管和物流不同

除了配方标准不同之外，海淘奶粉的整个销售和物流环节都不可控，食品安全风险极大（包括生物安全风险和质量安全风险）。海淘代购的货品如果是通过中间人带入国境，海关认为数量合理的，归于个人自用产品，只检疫不检验，遇到质量问题只能找国外销售平台，但很多平台并不接受所在国之外的售后服务；如果从海外直邮，走的是邮政系统，完全没有检验检疫介入。在所有入境物流途径中，邮包类零担物流温度、湿度、压力变化、转运环节都不可估，同包邮件物品未知，破损污染风险极大。而且因为整个销售渠道缺乏必要的监管和可追溯性，比起正规的生产和销售渠道，从业者不规范甚至是制假售假的可能性更大。所以，如果要买进口奶粉，还是应该购买通过正规渠道合法进口的产品。虽然和海淘奶粉一样是在他国生产，但为了合法进口中国，就必须满足中国国家标准。在进口过程中，不管是物流还是检测，都有良好的监管和可追溯性，可靠性比海淘产品高多了。

合法进口与海淘代购的物流区别

“我是自己海淘的，风险在哪？”

“不谈配方，海淘物流未知、不可控，这是风险之一！”

“怎么会未知，我能追踪呀。”

“你能知道你的包裹和什么包裹在一起吗？”

“😳。”

“奶粉进入流通前检验越严格越安全，同意吗？”

“同意。”

“海淘奶粉只有出厂检验，原装进口奶粉至少3次检验，哪个更安全？”

“换！”

海淘奶粉为何更便宜?

由于原产地原料及配方的双重因素，海外奶粉的成本本就不高，在后续推向市场的过程中，除厂家12%左右的合理利润外，最多只经过经销商与终端两个利润分配环节，超市也很少要求其他高额费用支持，推广成本几乎为零，三级加价率不会超过40%，5欧元左右的净成本总加价也就2欧元左右。所以，海外奶粉比国产奶粉便宜主要是因为销售环节少、推广成本低。

乳制品补贴一直是有的，但都是直接补贴给奶农，这部分补贴使原料成本降低；许多高福利国家有婴幼儿补贴，但都是直接补贴给家庭。这两部分补贴都不会直接给乳企。

国内市场正规销售的奶粉为什么贵？首先是原料生产成本高。找海外工厂代工是成本最低的方式，但经常会被戴上“假洋鬼子”的帽子。大型乳企的做法是收购或者在海外建厂，海外新建一个高配置奶粉厂建设成本超过3亿欧元，这部分投资就需要从奶粉利润中逐年收回，投资回报速度越快企业运转越良性。

另外，某些高端配方原料成本会比普通配方奶粉高2/3甚至更多，而合法进口的国外奶粉由于涉及运费、关税、检验费、物流等，成本会再增加。

其次，国内奶粉贵也与国内消费者的心态和乳企的销售策略有关。合生元与启赋的高价策略成就了两家乳企，也成为行业争相模仿的样板。

第三，一定要谈而且是造成国内奶粉高价主因的就是渠道成本。国内许多中小规模乳企经销商供货价一般为零售价的6折，最低的4.5折。一罐定价398元的奶粉，经销商220元左右拿到，240～260元给二级批发渠道或终端，最大一部分利润给了终端门店，否则没人给你推——门店促销员卖一罐奶粉提成30～50元已经是常态。这是恶性竞争导致的，归根结底是品牌太多、同质化严重。而一旦面对超市，经销商、厂家想死的心都有，一款奶粉在连锁大超市系统年销售低于500万元就得赔钱，超市各种费用盘剥让渠道更加畸形、变态。

第四，高运营成本与高推广成本。国内人工成本其实已经非常高，差旅、会议、促销支出年年攀升。想要品牌知名度、美誉度，那就在电视台做广告，找十个八个代言人，这些钱都不是天上掉下来的。市场执行层面想要渠道下沉就要架构合理、人员充沛，从总部到大区，再到区域和城市，渠道与架构全球没有一个国家像中国这么复杂。

如何辨别合法进口奶粉？

现在各种真假难辨的海淘代购等非正规渠道特别多，其中不乏不法商家制假售假，而且可能存在责任不明、出现问题难投诉等风险。所以，我一直建议如果要买进口奶粉一定要选择合法进口的。每一罐合法的进口奶粉，都要通过检验检疫部门八重安全门，才能获得通行证摆上货架。

第一重门，市场准入

海关总署对首次申请进口的国家及其产品要进行风险评估，只有风险在可接受范围内的国家的产品才允许进口。

第二重门，企业注册

按照《中华人民共和国进口食品境外生产企业注册管理规定》，所有向中国境内出口食品的境外生产、加工、贮存企业，应当获得海关总署注册（进口食品境外生产企业不包括食品添加剂及食品相关产品的生产、加工、贮存企业）。注册条件为：

1.所在国家（地区）的食品安全管理体系通过海关总署等效性评估、审查；

2.经所在国家（地区）主管当局批准设立并在其有效监管下；

3.建立有效的食品安全卫生管理和防护体系，在所在国家（地区）合法生产和出口，保证向中国境内出口的食品符合中国相关法律法规和食品安全国家标准；

4.符合海关总署与所在国家（地区）主管当局商定的相关

检验检疫要求。

第三重门，产品配方注册

我国对中国境内生产销售和进口的婴幼儿配方奶粉的产品配方均实行注册管理，奶粉配方须获得国家市场监督管理总局配方注册。在进口环节，海关会对婴幼儿配方奶粉配方注册信息实施验核。

第四重门，进出口商备案

国内进口商应当有食品安全专业技术人员、管理人员和确保食品安全的规章制度等。

第五重门，国外官方卫生证书

奶粉必须附带国外官方卫生证书，证书上清楚列明乳制品原料来自健康动物、乳制品生产企业处于当地政府主管部门的监管之下、乳制品是安全的可供人类食用等内容。

第六重门，产品的检测报告或告知承诺书

进口奶粉在申报时需声明持有符合我国食品安全国家标准的证明材料。自2021年7月起，海关总署对进口乳品检测报告实行证明事项告知承诺制，企业可自主选择是否采用告知承诺替代证明，进口商不愿承诺或无法承诺的，应当依规定在申报时上传进口乳品检测报告。

第七重门，产品中文标签

进口奶粉的中文标签必须直接印制在最小销售包装上，标签上有产品名称、配料表、规格、原产国或地区、生产日期、保质期、营养成分表，以及国内进口商、代理商或经销商的名称、地址和联系方式等。

第八重门，海关监管

各地海关按照相关规定对进口婴幼儿奶粉实施检验，被监管系统命中现场查验和抽样送检的产品，海关还将现场核对货物信息，并抽取样品送实验室进行检测，全部检验合格后才会予以放行。

我们在选购进口奶粉时要注意三点。

一是要看中文标签。中文标签必须直接印制在最小销售包装上。

二是可向经销商索取《入境货物检验检疫证明》。《入境货物检验检疫证明》上会列明产品名称、规格、原产国、生产日期等信息。

三是如果有疑问可以向出具证明文件的海关部门咨询。

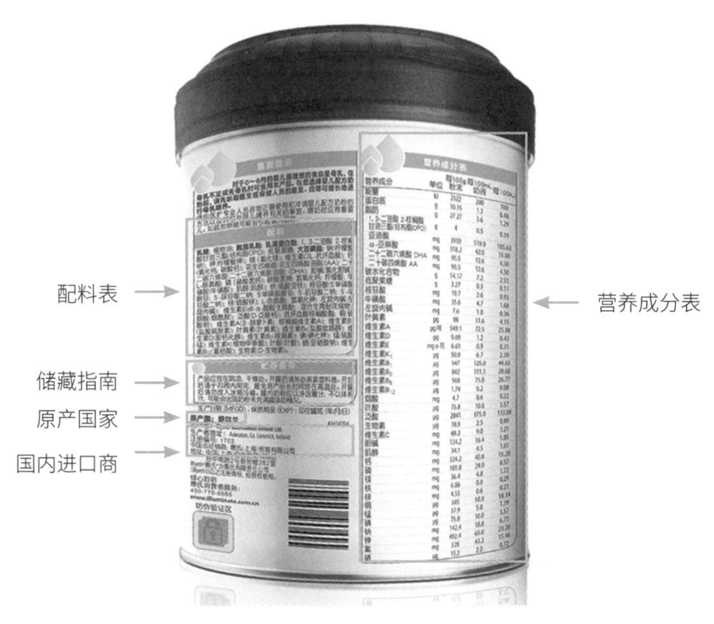

图 6-2　××奶粉罐体信息

海淘有风险，选购该注意什么？

虽然考虑到代购的风险以及出问题后的维权难度，我一直不赞同海淘奶粉，但是既然国内奶粉价格偏高，又曾因种种原因一时难以取得部分消费者的信任，那么海淘奶粉现象必然会继续存在。因此在说明海淘会有风险，同时告诉大家怎样选购才能尽可能地保证奶粉的安全。

海淘奶粉，我觉得有以下五个问题需要注意：

1. 可靠的购买渠道

最好能找到知根知底的人帮忙代购，比如亲朋好友，或者在海外的同学、朋友等。当然，代购奶粉是一件长期的、费时费力的事情，在麻烦别人的时候最好能按照国内海淘奶粉的均价给人家一定的代购费。毕竟大家海淘奶粉主要图的还是安全。实在没有这类渠道，其他的专业代购就得靠大家通过各种途径仔细鉴别、寻找可靠的了。

2. 不听信代购的宣传

尽管国内正规销售渠道的奶粉促销员多少也会夸大宣传自家的产品，但至少产品官方网站和媒体一般不敢乱说。但是一些电商平台上的海淘奶粉店铺就不一样了，没有监管和约束，夸大宣传、信口开河的比比皆是。作为普通消费者，时刻要记住自己看到的那些“产品介绍”其实都是广告，不可尽信。而且代购者主力推荐的产品往往不一定是最好的，而很可能是利润最大的。大家海淘奶粉，运费所占比例很高，与其大费周折买个质量一般的奶粉，不如淘个质量更好的。如何为自家宝宝选择一款合适的奶粉，想必看完这本书你就心里有数了。

@奶粉揭秘：有一个逻辑我一直没想明白——有些人口口声声说不相信中国人生产的奶粉、不相信中国海关、不相信国家市场监督管理总局、不相信中国超市、不相信中国母婴店、不相信中国药店、不相信中国电商，好吧，这些人不在行业内，不明白监管之严，这都能理解，可他们为什么深信不疑同样是中国人的奶粉代购呢？

3. 选择自己能看懂的语言

海淘奶粉，最好选择那些自己能看得懂包装上的说明的产品。虽然有不少代购会把产品信息翻译成中文，但是由于涉及较多专业词汇，中文翻译经常会出现各种错误信息。若消费者选择自己能看得懂产品说明的奶粉，可以更好地了解产品的相关信息，避免被夸大的宣传所误导。另外，如果奶粉出现质量问题，也方便通过网络获取相关信息或者联系生产厂家。

@奶粉揭秘：只要谈到代购，总会有人跳出来说“国外监管更严格，所以我会更相信”。可如果你连渠道都不了解，连说明书都看不明白，监管严格不严格和你有关系吗？代购们翻译的说明难道你就从没有担心过准确度？海淘代购宣传得热火朝天的那几个品牌奶粉总体质量实在连“凑合”两个字都配不上，更别说复杂物流的污染风险之大。

4. 尽量选择铁罐包装的奶粉

现在有不少奶粉使用所谓的更环保、更轻便的塑料或纸盒装，这样的包装方式只适合在一个较小的区域内，从工厂到商店的运输与销售，并不适合几经周转的长途邮寄。因邮寄过程中的挤压和气压变化，塑料或纸盒包装的奶粉出现破损的情况十分普遍，轻则对消费者造成经济损失；若是奶粉被污染而没有及时发现，甚至还可能对宝宝造成伤害。而铁罐则要坚实得多，出现破损的概率也小得多。收到海淘奶粉后切记先检查包装是否破损，一旦包装破损，切勿食用!

5. 选择合适的邮寄方式

如果能人肉背回来自然最好，但是恐怕没多少人能有这样的渠道，那么邮寄奶粉就成了唯一可行的海淘方式。奶粉本身虽然保质期较长（根据包装和产品情况，保质期通常在一年半到两年不等），但是奶粉的保质期也会受储存环境的影响。在储存环境温度较高的情况下，保质期会大大缩短。而邮寄的途中要经过多次中转，难以保证储存环境。因此，消费者最好能用有追溯功能的方式邮寄奶粉，而不要过于追求邮费便宜而选择一些不太靠谱的小型货运公司，以免徒增不确定因素。

@奶粉揭秘：我这几天一直在体会海淘代购拥趸者的消费心理，其实，价格便宜仅是一种自我安慰，更多的享受则在于“我买的与你不同”或“我买的与你相同”的竞争心理，与闺蜜、同伴讨论，等待通关，以及挑选平台时的焦虑，本就是一种另类的炫耀，用最少的钱买到最大的心理满足。当然，这不代表全部消费者。

从2012年海淘奶粉开始出现，到2014年越演越烈，随着参与者基数的飞速增加，风险系数也在成倍增大。我不敢想象，假如某种海外奶粉因质量问题全线召回，妈妈们会恐慌成什么样？这是随时可能发生的事情。

代购算走私，赚钱需谨慎

很多人问我代购算不算走私？我的理解是大多数情况下算（购买偷税漏税的代购物品其实也算走私）。

目前物品从国外运（带）到国内有两种方式，这两种方式监管、征税的方式不一样。

一种叫作“货物”，是正规流程进口，需要有资质的公司实施进口，需要有相应的监管证件（监管较严，食品、化妆品等还需要海关对货物进行检验），征货物税与增值税（加起来较高）。货物进口之后可以售卖牟利，如果有虚假宣传与质量问题，可以联系当地市场监督管理局。

第二种叫作“物品”，物品的概念是“自用、合理数量”。“自用”是指进出境旅客本人自用、馈赠亲友，而非出售或出租，即非牟利性的。物品入境监管相对较松，征行邮税（详见《中华人民共和国进出口关税条例》），进境之后不得售卖牟利。也就是说，如果是有目的性地、明确地带（运）东西回国进行售卖牟利，那么这些具有牟利性的东西应该属于货物，而不属于物品。邮寄入境的个人自用物品，其数量海关有明确规定，超出规定限值的，应办理退运手续或者按照货物规定办理通关手续。但邮包内仅有一件物品且不可分割的，虽超出规定限值，经海关审核确属个人自用的，可以按照个人物品规定办理通关手续。也就是说，网购超限值的也要按照货物监管。

什么是走私呢？广泛意义上说就是逃证（逃避监管）或者逃税（偷漏税），偷逃税款5万元以上就涉嫌走私罪。即使偷逃税款不到5万元，也算走私行为。如果一个人从网上购买东西进境售卖，此时他的行为是从国外购买东西进境之后进行盈利性售卖，这时候东西属于货物，理论上需要相应的监管，税率适用货物税与增值税；而实际上他在进境时向海关申报时申报的是“个人物品”，也可能没有申报，或者申报为其他东西（大部分代购包裹，物品能不写就不写，能不申报就不申报，税能逃就逃），此时海关按照个人物品监管，监管较松且行邮税率低，这时候就涉嫌逃证逃税。如果一个人从境外人肉带很多东西回国，东西明确就是准备售卖的，那么这些东西也算是货物，但实际上也是按照个人物品监管，这种行为也算是走私。如果这些人还开个淘宝店的话，一项一项加一下就可以知道一共偷逃多少税款。目前被判刑的大都是开淘宝店的，因为有后台统计。

奶粉的合法进口证明包括进出口双方供货合同、认监委备案资料、出口国供应中国乳品许可证书、通关系列文书、完税凭证、CIQ检验检疫后核发的卫生证书等，无以上书面证明均为非法。而根据《中华人民共和国刑法》，协助非法货品流入走私人手中销售，构成共犯。也就是说，负责在海外商场买东西的人按走私共犯论处。根据现有法律法规，“明知是走私进口的货物、物品，直接向走私人非法收购的”，也属于走私行为。

@奶粉揭秘：职业代购算不算走私？恳请回复，以正视听！@12360海关热线 @客官不要急 @大捷Mars

@客官不要急：代购算走私，赚钱需谨慎。

@大捷Mars：职业代购只是单次案值往往达不到入刑标准，所以打击困难，然而如果被查三次就自求多福吧。

第七章 那些流传甚广的奶粉伪科普

现如今，食品行业已成为谣言重灾区，网络谣言中食品安全信息占45%，重拳治理虚假食品安全信息刻不容缓。网络上，多年来关于配方奶粉的谣言从未停歇。这一章，我们将重点剖析一些流传甚广的奶粉伪科普。

@奶粉揭秘：就我这么个二十几万人的微博账号，只要敢说“某某奶粉出事了”立刻就能炸了锅。没人在乎信息来源是否可靠，大家的眼球只会看到“某某奶粉”。消费者的恐慌心理被谣传虚假信息放大到N倍，只要有人敢出头辟谣，立刻会被戴上“洗地”的帽子。别的不说，代购们造谣国内原装进口爱宝美、诺贝能、美素等品牌是国内罐装、来源不明的，达能澄清、天猫辟谣、菲仕兰出面都没用，照样每天有人问真的假的。他们不相信报关单，不相信检验检疫证明，不相信奶粉生产企业自证，不相信官方辟谣，只相信代购。除了摊手，还能怎么样？

过敏体质首选羊奶粉?

XX 羊奶粉的优势

- 羊奶堪称“奶中之王”长期饮用不会引起发胖
- 羊奶更容易吸收，羊奶的脂肪粒和蛋白颗粒只有牛奶的1/3，更有利于人体的吸收利用
- 羊奶中的维生素和微量元素含量明显高于牛奶，在欧洲国家，人们早已将羊奶视为营养佳品
- 羊奶中不含牛奶中可致过敏的异性蛋白。因此，特别是体质较差的婴儿，特别适合饮用羊奶，羊奶中含有的上皮组织细胞生长因子能修复黏膜，所以羊奶对患有呼吸道、肠道疾病的婴幼儿无疑是最大的福音
- 羊奶最接近母乳，由于各种原因无法用母乳喂养的妈妈，在这时候羊奶是最优的选择

经常看到商家宣传羊奶是奶中之王，长期饮用不容易发胖，羊奶的脂肪和蛋白颗粒更小、更容易吸收，不容易导致过敏，最接近母乳等。这些说法靠谱吗？羊奶粉真的这么好吗？

■ 羊奶、牛奶，制成奶粉后区别不大

牛奶是最适合小牛的，山羊奶是最适合小山羊的，这两种奶未调整营养成分时，都与母乳有巨大的差别，都是不可以直接给婴儿喝的。

我们平常所说的给婴儿吃的羊奶粉，确切地说，是山羊奶婴儿配方奶粉（以下简称羊奶粉），指的是用山羊奶蛋白质作为蛋白质来源加工生产的婴儿配方奶粉。而普通的婴儿配方奶粉，绝大多数是利用牛奶蛋白质作为蛋白质来源（以下简称牛奶粉）。

首先，成熟的母乳中乳清蛋白和酪蛋白的比例通常在60：40左右，而羊奶和牛奶的这一比例却分别在22：78和18：82左右。尽管羊奶中乳清蛋白的比例的确比牛奶略高一点，但还是与母乳相去甚远。自从20世纪60年代人们认识到牛奶和母乳的蛋白质组成差异之后，绝大多数婴儿配方奶粉都已经通过添加乳清蛋白调整其与酪蛋白的比例了。

中国关于婴儿配方食品的国家标准明确要求乳基婴儿配方食品中乳清蛋白的含量要≥60%。因此，国内市场上正规渠道销售的合格的婴儿配方奶粉中乳清蛋白和酪蛋白的比例都是接近母乳的，不会有太大差别。但国外对此一般并不强制要求，

有些产品的乳清蛋白含量可能会低于60%。

其次，蛋白质是否能满足婴儿的营养需求，要看其氨基酸模式是否和母乳接近。由于6月龄以内的婴儿，其所有的营养都来自于母乳（或者配方奶粉），因此配方奶粉必须含有与母乳类似的必需氨基酸以及半必需氨基酸组成，才能满足婴儿生长发育。羊奶蛋白质的氨基酸模式与牛奶的很接近，但与母乳的有很大不同。比如，相对于母乳，二者的甘氨酸、色氨酸和半胱氨酸的所占比例很低，而蛋氨酸的比例却很高。因而对于二者，都需要调整乳清蛋白酪蛋白的比例或者额外添加氨基酸来使之接近母乳的氨基酸模式。在这一点上，羊奶粉并不优于牛奶粉。

由此看来，不管羊奶还是牛奶，在制成婴儿奶粉的过程中，都是在尽力模仿母乳的成分。即使部分营养成分在羊奶中的含量比牛奶中的高，也已经在母乳化的过程中给统一了。羊奶粉和牛奶粉的最大区别，其实只是其中的蛋白质来源不同。

羊奶粉不一定比牛奶粉更易吸收

在关于羊奶婴儿配方奶粉的广告中，还经常提到羊奶的脂肪球比牛奶的小，且不饱和脂肪酸含量更高，因而更容易被宝宝消化吸收。实际上，不管是羊奶粉还是牛奶粉，二者利用的都是脱脂奶，奶粉中的脂肪成分都是来自配比更加合理的植物油，或者用奶油，也都经过了均质处理，颗粒已经变得非常小。羊奶中脂肪颗粒大小与羊奶婴儿配方奶粉的消化吸收情况没有任何关系。

■ 羊奶粉过敏率也不一定低

至于说羊奶粉不易导致婴儿蛋白质过敏，科学界目前对此尚无定论。一些研究观察到有部分对牛奶过敏的人并不会对羊奶蛋白质过敏，然而也同样有一些研究发现牛奶蛋白和羊奶蛋白存在交叉过敏的情况（因为牛奶和羊奶中一些蛋白质的结构很类似，对牛奶蛋白过敏的人同样可能会对羊奶蛋白过敏，反之亦然）。

欧盟食品安全局也认为，目前没有足够的证据证明羊奶粉比牛奶粉更不容易引起过敏反应。安全起见，对于那些对牛奶蛋白质过敏的婴儿，与其冒险用羊奶粉代替牛奶粉，不如换用专门的水解蛋白配方奶粉。

综上所述，不管是羊奶粉还是牛奶粉，只要质量合格，营养成分接近母乳，能满足婴儿生长发育过程中对营养的需求，就是好奶粉。羊奶粉和牛奶粉之间并没有太大的差别，不应刻意夸大羊奶粉的各种“优点”。

香兰素是会让宝宝上瘾的鸦片？

2012年的香兰素谣言早已被澄清，但仍然一次次被拿出来改头换面继续传谣。2016年有媒体报道称香兰素是一种兴奋性毒素，可刺激大脑奖励系统，让食用者觉得添加了香兰素的产品更加美味。香兰素是何物质？

■ 香兰素是世界范围内广泛使用的食用香料

香兰素（vanillin）是具有广泛用途的芳香族有机化合物，其学名为4-羟基-3-甲氧基苯甲醛，又名香草醛、香兰醛，天然存在于香荚兰豆中。人们利用豆荚作为食用香料，有文字记载的历史已有数千年。但由于从香荚兰豆中提取的天然香兰素含量低，价格十分昂贵，为满足市场需求，19世纪出现了以邻甲氧基苯酚等为原料合成的、与天然结构完全相同的香兰素。随着科技的进步，香兰素生产方式不断完善。据统计，全世界每年用于食品加香的香兰素在万吨以上，除少量来自于天然外，绝大多数都为人工合成。

■ 合理使用香兰素不会对人体健康产生危害

其实，香兰素是一种很普遍的、广泛使用的食用香精。在汇总了众多的动物和人体试验数据后，FAO/WHO联合专家委员会设立的每日摄入最高限量为10mg/kg体重，欧盟食品安全局设立的最高限量则是每人每天47mg。并且，他们都认为在不超过限量的前提下使用香兰素，并无安全顾虑。

■ 婴儿奶粉能用香兰素吗?

根据中国现行的食品添加剂使用标准（GB2760-2011），0～6月龄婴儿的配方食品中的确不允许添加食用香精，这其中自然就包括一段婴儿配方奶粉。不过，6月龄以上的较大婴儿和幼儿配方食品（包括较大婴儿配方奶粉和幼儿配方奶粉）则是允许使用香兰素、乙基香兰素和香荚兰豆浸膏的。这三者的最大允许使用量分别为5mg/100ml、5mg/100ml和按照生产需要适量使用。如果某些品牌的一段婴儿配方奶粉使用了香兰素，那确实违反了我国婴幼儿配方奶粉标准的规定。对于一些习惯性怀疑中国国家标准是世界最低标准的人，我不得不多说一句，搜了半天，我也没有找到欧盟有关禁止在一段婴儿配方食品中使用香兰素的规定。

■ 违规使用香兰素会对人造成伤害吗?

实际上，一般情况下也不会有人大剂量使用香兰素，因为香兰素和其他许多香精一样，添加的量太多了就不再是香，而是苦了。说句玩笑话，我甚至怀疑在测试香兰素的半数致死剂量中，因吃了每千克体重好几克香兰素而死掉的那些老鼠、兔子，不是被毒死的，而是活活被苦死的（该句为玩笑）。

当然，香兰素对人体健康没有直接的危害，但是对于以吃奶为主的婴儿，却也的确是有其他效果的，那就是加了香兰素的奶更好吃。相对于没有添加香兰素的配方奶，婴儿吃添加了香兰素的配方奶吮吸得更用力，吃得也更多。这些可能会对婴儿食量，以及以后的口味偏好造成影响。

因此，专家建议媒体在进行食品安全相关报道时，应力求科学、客观。消费者要均衡营养，尽量不要偏食，更不要因为贪恋某一口味而过多食用某一类食品。同时，可以对嗜好人群成瘾原因进行分析，研究其与香精、香料的关系。

婴儿奶粉中有消毒剂?

作者：科信食品与营养信息交流中心专家、食品安全博士@钟凯

2015年，有媒体曝光发布9款品牌婴幼儿奶粉检测报告，结果显示，很多奶粉中出现了消毒剂成分苯扎氯铵（BAC）、氯酸盐以及氯丙醇脂肪酸酯等污染物。其中有的奶粉BAC总含量超过德国健康辅助食品条例的最高残留限量规定，有的氯酸盐成分超过了WHO制定的每日容许摄入量上限。另外，9款奶粉均被检出含有氯丙醇脂肪酸酯。这些污染物都是什么？为什么会出现在奶粉中？我们还能放心吃这些奶粉吗？

■ 消毒剂，理想和现实之间的取舍

理想主义的世界纯净无瑕，然而现实是残酷的。除了能导致食物腐败的微生物，大肠杆菌O157、李斯特菌、沙门菌等致命微生物时刻准备入侵我们的食品体系。消灭微生物是大多数食品企业的要务之一，对于乳制品尤其如此，因为乳制品营养丰富，是细菌最喜欢的培养基。

即使是饲养条件最好的牧场，也不能避免奶牛身上携带病菌；卫生条件最佳的工厂，也不能完全避免储奶罐、操作间和生产线受到微生物的污染。这些地方都会或多或少使用消毒剂，既要保障奶牛的健康，也要保证乳制品的安全。而只要使用了消毒剂，总会留下痕迹。以目前的仪器检测水平，奶粉中检不出任何消毒剂残留或消毒副产物才是奇怪呢。

行业内常用的消毒剂包括碱类、含氯化合物、碘与碘化物、过氧化物和季铵盐类化合物等。它们的残留物或消毒副产物往往对健康没什么好处，妈妈们肯定希望这些东西都不要出现在婴儿奶粉里。然而这不切实际，且并不明智。因为相对于致命微生物带来的威胁，使用消毒剂依然是利远远大于弊，世界卫生组织在评价自来水使用的含氯消毒剂时也是如此考虑的。

■ 奶粉中的季铵盐会对健康造成损害吗？

在各类消毒剂里，季铵盐类化合物给人感觉最陌生。其实不然，比如苯扎氯铵（BAC）是创可贴的主要成分，苯扎溴铵是医院常用的“新洁尔灭”的主要成分，二癸基二甲基氯化铵（DDAC）也是季铵盐类化合物，它们都是经过世界各国广泛实践的、安全可靠的广谱杀菌剂。

BAC和DDAC在我国是合法的食品用消毒剂成分。婴儿奶粉的生产中，设备本身是不需要使用杀菌剂，都是靠高温进行杀菌操作。生产用水也是经过了反渗透处理，不需要杀菌。想来想去，最可能出现季铵盐的环节就是在挤奶过程中对挤奶设施进行的消毒操作。奶粉中残留的季铵盐很可能就是随着牛奶带进来的。

季铵盐类消毒剂通常对人体的威胁不大，能找到的对健康有害的证据主要来源于职业暴露或临床用药，在药品中此类化合物浓度较大时才会产生危害。由于环境和设施消毒导致的残留量远远达不到这样的浓度，因此，婴儿奶粉中的残留不太可能危害孩子健康。

世界大多数国家和国际组织也没有制定食品或婴儿乳粉中的季铵盐类化合物限量，主要原因就是它的健康风险还不足以动用限量标准这一高成本的管理手段。来自荷兰儿童的数据显示，这些消毒剂残留的总暴露量仅占安全摄入量的7%左右；来自法国幼儿的数据表明，从乳品摄入的季铵盐仅占总摄入量的4%。

德国联邦风险评估研究所的观点也印证了这一点：他们认为食品（包括送检的奶粉）中出现的DDAC和BAC成分不太可能导致慢性或急性健康风险。这也从另一个侧面说明，欧盟为季铵盐类化合物制定的限量标准其实是比较保守的，甚至包含贸易壁垒的成分。

对于食品业界而言，一方面要强调合理使用消毒剂，在消毒效果和残留量之间取得平衡；另一方面要继续研发更高效、更安全的消毒剂，为食品安全护航。食品科学界可以开展更全面、更深入的研究，为风险管理决策提供更有说服力的科学证据。而对于妈妈们来说，是时候做出一个权衡了。您愿意购买一罐随时可能被致命细菌污染的奶粉，还是另一罐虽然有微量消毒剂残留却依然安全可靠、值得信赖的奶粉？相信答案并不那么难吧。

■ 奶粉焦“氯”，大可不必

氯是一种生活中常见的元素，比如我们吃的盐里就有氯离子。自来水消毒也要用到氯，不过不是氯离子，而是可以释放游离氯原子的消毒剂，比如漂白粉、二氧化氯等。氯原子对微生物有很强的杀伤力，能够保护我们的健康，但是它们在奋勇杀敌的同时，也会和水里的有机质发生反应，产生多种消毒副产物，其中之一就是氯酸盐。

由于从奶牛到奶粉的全过程中有许多环节需要用到清洁的水，氯酸盐作为水中的消毒剂残留进入奶粉就难以完全避免。尽管国际上没有奶粉中氯酸盐的限量标准可供参考，但世界卫生组织专门组织评估并确立了氯酸盐的安全剂量（TDI，终生每天摄入也不会有事的剂量）：10μg/kg体重。对于一个体重7kg的婴儿（6月龄）来说，相当于每天摄入量不超过70μg就不会有任何事。至于破坏红细胞、影响输氧功能，需要您一口气吃15～35g氯酸盐，只有服毒的人才会这么干吧。

相对而言，国际上更加关注的是高氯酸盐，因为它扩散快、难降解，是持久性污染物。自然界可以产生一些高氯酸盐，比如在闪电和臭氧环境下，但它的主要来源是火箭、军火、爆竹燃料的生产和释放，以及在汽车、电化工、皮革、冶炼等领域的广泛应用，水的消毒副产物中也有它的身影。

高氯酸盐从二十世纪四五十年代开始大规模应用，如今已经成为全球性的污染物。奶粉中均检出高氯酸盐并不是稀奇的事情，WHO的数据显示，它在婴幼儿奶粉中的平均含量是10μg/kg。

此外还有数据显示，美国和中国妈妈的母乳中高氯酸盐平均含量分别为每升9μg和20μg。由于奶粉冲成牛奶还需要稀释8倍，也就是说母乳里的高氯酸盐远多于奶粉，也许环境的污染才是我们更应该关注的吧。

高氯酸盐对甲状腺的负面影响广受关注，但对于这一结论科学界还存在很多争论，甚至有不少研究得出了相反的结论。比如有研究者发现，当高氯酸盐抑制了70%的碘吸收时，孕妇的甲状腺激素T4仍然没有受影响。美国国家研究委员会也曾指出，在流行病学研究中，高氯酸盐不一定会导致足月出生且体重正常的新生儿甲状腺功能的改变。另外，通常来讲，充足的碘营养完全可以平衡掉奶粉中高氯酸盐和氯酸盐残留的影响。

虽然国内、国际均没有奶粉中高氯酸盐的限量，但世界卫生组织设定了它的安全剂量：每日10μg/kg体重。2011年世界卫生组织发布了高氯酸盐风险评估文件，我国科学家是该项目的主审。

他们分析了大量研究证据后认为：即使按照最坏估计，人们从食物和水中摄入的高氯酸盐也没有超过安全剂量，因此，不会产生健康风险，也不需要采取风险控制的措施。

控制和清除氯酸盐、高氯酸盐污染并不存在简单粗暴且长效的解决方案。国际劳工组织和世界卫生组织在一份有关消毒剂及其副产物的报告中指出：尽管消毒副产物也可能对健康造成影响，但杀灭微生物的重要性永远要排在最突出的位置。

科学界对氯酸盐和高氯酸盐的关注和研究还将继续，但公众不必对它们过于苛责，毕竟微量的消毒残留物是可接受的，而致命微生物的污染是不可接受的。

■ 氯丙醇酯，一个全球新挑战

氯丙醇酯全称氯丙醇脂肪酸酯，是在植物油精炼过程中形成的一种污染物，近几年随着检测技术的发展才逐渐得到世界各国的重视。只要使用了植物油，食品中就会或多或少带入氯丙醇酯，但污染水平通常很低。根据氯原子位点的不同和脂肪酸的不同，氯丙醇酯家族存在数十个成员，其中三氯丙醇酯的污染水平最高，因此，是科学界关注的重点。

为啥奶粉中会出现氯丙醇酯呢？主要是因为奶粉里使用了植物油，其占到奶粉干重的1/4左右。您可能会感到奇怪，奶粉里怎么会有这么多植物油？这是由于婴幼儿奶粉要尽可能模仿母乳的营养成分，因此，去除了饱和脂肪较高的乳脂，并以不饱和脂肪较高的植物油替代，成人奶粉就不会这么做了。

氯丙醇酯对人的健康有什么影响呢？很遗憾，科学家们还不是很清楚，因此，世界卫生组织和国际粮农组织下属的一个专家委员会（JECFA）正在从世界各国搜集相关数据。目前一般是用氯丙醇作为参照物，因为氯丙醇酯可在消化酶的作用下转化为氯丙醇。JECFA为三氯丙醇制定的“安全剂量”（PMTDI，暂定每日耐受量）为每日2μg/kg体重。德国风险评估研究所和欧盟食品安全局都是以此为依据进行三氯丙醇酯的风险评估。

人类摄入氯丙醇酯的主要途径是植物油，虽然成人吃的植物油更多，但由于植物油在婴儿（指非母乳喂养的）膳食中的比例更高，因此，婴儿的暴露量相对更高一些。来自德国的一份研究报告显示，30个奶粉样品的氯丙醇酯估算摄入量均大大超过世界卫生组织制定的安全剂量，最高的甚至达到20倍。这一数据可能也说明，婴儿奶粉中的氯丙醇酯可能是一个很普遍的问题。

当然科学界也有不同的声音，比如雀巢公司在体外模拟条件下进行试验，发现氯丙醇酯的转化率没那么高，人体摄入氯丙醇的真实水平可能只有德国风险评估研究所估算值的1/6，这也意味着科学界有可能高估了氯丙醇酯的危害。

如果婴儿奶粉普遍存在氯丙醇酯污染，是不是吃母乳就可以避免这个问题了呢？如果妈妈吃植物油，会不会把植物油里的氯丙醇酯带给孩子呢？有研究发现，母乳中三氯丙醇的平均浓度大约为每升35.5μg，如果一个7.5kg重的婴儿平均每天喝750ml母乳，则摄入量为每日3.55μg/kg体重。也就是说，母乳虽然比奶粉的氯丙醇酯少一些，但还是超过了安全剂量。

如此看来，解决氯丙醇酯问题的关键是植物油。不过目前国际上并无植物油中的氯丙醇酯限量，也没有婴儿奶粉的限量，毕竟制定标准需要先积累足够的科学数据。就目前而言，消费者不必过于担忧，因为奶粉丰富的营养物质给孩子带来的健康收益远远超过这些微量污染物带来的风险。

当然，世界各国政府对氯丙醇酯并非听之任之，密切关注、积极研究是大家的一致态度。科学家们正在深入研究氯丙醇酯的形成机制和代谢途径，收集完善相关膳食数据，工业界正在努力研发更好的工艺控制技术。

我国政府相关部门也已经积极介入，应对这一新的挑战。我国科学家已研制出食品中氯丙醇酯的检测方法，正在国家卫生计生委网站向社会征求意见。将来会通过相关监测和膳食研究积累数据，指导我国食用油行业的健康发展。

国产奶粉含有反式脂肪酸?

作者：科信食品与营养信息交流中心专家、食品安全博士@钟凯

2013年7月，一家香港媒体报道，其委托进行的一项检测发现，3款国产婴儿配方奶粉，每100g奶粉检出含0.4～0.6g反式脂肪（又称反式脂肪酸）。有专家称婴儿摄入的脂肪所含反式脂肪过多，可能会影响婴儿大脑和眼睛发育，长期过度食用反式脂肪可能导致心脏病和血液循环系统疾病。这条消息无疑让消费者再次对国产奶粉的质量表示担忧。之后，食药监总局发布监测结果，国产婴幼儿配方乳粉中反式脂肪酸含量符合国家标准。而进口婴幼儿配方奶粉中同样含有反式脂肪酸，检测值还普遍高于国产奶粉。

■ 什么是反式脂肪、反式脂肪酸?

我们常说的脂肪是由脂肪酸和甘油形成的甘油三酯，动物油、植物油均是如此。反式脂肪酸也只是脂肪酸的一种，因其化学结构上有一个或多个非共轭反式双键而得名，是一种不饱和脂肪酸。含有反式脂肪酸的脂肪就叫反式脂肪，为了方便阅读，本文并未对两者做严格区分。

下图分别是顺式脂肪酸和反式脂肪酸的化学结构示意图。简单说呢，顺式就是“V”字型，反式是“一”字型。

	顺式脂肪酸	反式脂肪酸
结构式	H　H |　| C = C /　　\	H | C = C / /　| H
结构示意	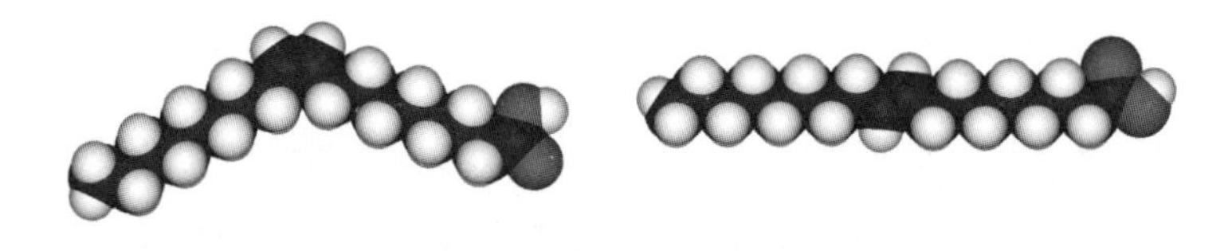	

图 7-1　顺式脂肪酸和反式脂肪酸结构式和结构示意图

反式脂肪是从哪里来的？

一是来源于天然食物，主要是反刍动物，如牛、羊等的肉、脂肪、乳和乳制品。二是加工来源，主要是植物油的氢化、精炼过程中产生。食物煎炒烹炸过程中油温过高且时间过长也会产生少量反式脂肪。

为什么奶粉中有反式脂肪？

因为牛是反刍动物，在它的胃里有很多细菌参与消化过程，会发酵产生反式脂肪。这些反式脂肪会进入牛的体内，所以牛肉、牛奶、牛油都会含有少量反式脂肪，大约占到总脂肪的2%～5%。调查数据显示，每100g下列食物中平均反式脂肪酸含量分别为：生鲜牛羊肉0.40g，牛羊肉制品0.32g，液态奶0.08g，奶粉0.26g，酸奶0.07g。

■ 奶粉中的反式脂肪会对婴幼儿产生危害吗?

中国国家标准不允许婴儿配方奶粉使用氢化油脂，但由于奶中天然存在少量反式脂肪，所以国家标准同时要求婴儿配方奶粉中反式脂肪酸占总脂肪酸的比例应低于3%。这个规定与国际上和其他国家是一致的。符合标准的产品既可以满足营养需求，又不会对婴幼儿产生危害。

近年，食药监总局称共监测15007个婴幼儿配方奶粉样品，对其中的10187个样品开展总脂肪酸和反式脂肪酸的监测。结果表明，国产婴幼儿配方奶粉的反式脂肪酸含量为0.019g/100g ~ 0.574g/100g，最高含量均不超过总脂肪酸的3%，符合我国标准和国际食品法典委员会的标准。197个进口婴幼儿配方奶粉样品也均被检出含反式脂肪酸，检测值为0.024g/100g ~ 0.367g/100g。

■ 母乳中会含有反式脂肪吗?

根据妈妈膳食结构的不同，母乳中或多或少会有少量反式脂肪。根据文献报道，母乳中反式脂肪的含量多数在1% ~ 10%之间，如美国为7.0% ± 2.3%，加拿大为7.19% ± 3.03%。国家食品安全风险评估中心早在2011年起就开展我国5个大城市加工食品反式脂肪酸调查，风险评估结果显示，中国人通过膳食摄入的反式脂肪酸所提供的能量占膳食总能量的百分比仅为0.16%，北京、广州这样的大城市居民也仅为0.34%，远低于WHO建议的1%的限值，也显著低于西方发达国家居民的摄入量。因此，中国妈妈所分泌的乳汁，反式脂肪酸的含量应该会比欧美低一些，但具体数据还在测定中。

■ 反式脂肪会沉积在体内代谢不掉吗？

研究表明反式脂肪跟普通脂肪的代谢途径是一样的，没有发现存在特殊的代谢途径，也没有发现反式脂肪在婴幼儿、儿童、青少年和成人体内的代谢途径有何不同。有部分研究表明，反式脂肪会干扰其他必需脂肪酸的代谢；但是欧盟认为，只要必需脂肪酸的摄入量适宜就不会受到影响。

■ 天然的反式脂肪对健康无害？

目前国际上对于天然反式脂肪的健康效应并无定论，有的研究认为它有益健康，但也有研究认为它和人造反式脂肪没区别。比如欧盟食品安全局的观点是天然的反式脂肪在健康效应上与人造反式脂肪并无区别，美国农业部的一项研究也显示天然反式脂肪对于高/低密度脂蛋白的影响与人造反式脂肪没有区别，荷兰的一项研究也得出了相同的结果。

另一个争议焦点是天然反式脂肪中可能有益健康的一种——“共轭亚油酸”，但它是否属于反式脂肪都还没下结论。澳新食品安全局在评估时将它视为反式脂肪，而国际食品法典委员会没有把它当反式脂肪看待。总体来讲，营养学界的主流认识是天然反式脂肪和人造反式脂肪同样有害健康，都应该少吃。所以你可要小心某些养生专家和糕点店的忽悠哦。

■ 食品标签上反式脂肪标示为“0”就是没有反式脂肪吗?

国家标准规定，如果100g或100ml食品中的反式脂肪酸含量低于0.3g就可以标示为“0”，所以标0并不是真的一点儿都没有。这主要出于两个原因，一个是当含量很低的时候，测定的准确度降低；另一个是如此少量的反式脂肪酸很难对健康造成实际威胁，标出来也意义不大。类似的表述还有：无反式脂肪酸、不含反式脂肪酸、没有反式脂肪酸、100%不含反式脂肪酸、0反式脂肪酸、零反式脂肪酸，都是符合标准要求的。

某某奶粉喝了不上火?

作者：食品工程博士、营养科普达人@云无心

虽然母乳喂养最好的理念已经深入人心，但因为种种原因，配方奶粉还是有着巨大的市场需求。在华人父母中，盛传着喝奶粉喂养容易上火的说法，于是各种宣称不上火的奶粉也就大行其道，对宁可信其有的广大妈妈们有着巨大的吸引力。

最近，在欧洲工作的某知名科普作者在网上吐槽：在国外，厂家一般不会宣传奶粉不上火；但到了华人圈里，特别是某些代购的嘴里，这些奶粉突然就具备了不上火的特点。

这种说法虽然有点刻薄，但的确是事实。“上火”是个只存在于华人群体的概念，因此，国外的婴儿奶粉厂家从不把

“不上火”作为营销点。其实，妈妈们所说的“某某奶粉不上火”并不是源于奶粉厂家，而是她们自己凭空赋予的。

那么，奶粉到底会不会导致上火呢？

■ “上火”可能是过敏所致

在现代医学中并没有“上火”这个概念，据中医专业人士说，在中医典籍中也没有这个说法，因此，它基本上只是一个民间概念——不同的人所描述的症状各不相同，并没有统一的标准。也就是说，大家习惯性地把各种不适的症状都称为“上火”。

很多常见的上火症状与维生素缺乏、食物过敏引起的症状类似。婴儿配方奶粉含有婴儿正常生长所需要的所有营养成分，因此，用配方奶粉喂养的婴儿一般不会缺乏维生素，所谓有上火症状一般不会是因为缺乏维生素而导致。食物过敏在婴儿群体中比较常见，有相当一部分婴儿对牛奶蛋白过敏，所以基于牛奶的配方奶粉就有可能让这些婴儿出现比较严重的症状，这些症状经常被认为是上火。

其实，这种过敏，在有些母乳喂养的孩子中也可能出现。当母亲吃了奶制品之后，可能会有一些牛奶蛋白并没有彻底消化成氨基酸，从而是以多肽的形式进入母乳中。如果孩子对牛奶蛋白过敏，而那些来自牛奶的多肽正好是过敏原，就可能出现母乳过敏的现象。对于这种过敏导致的上火，目前也有成熟的解决方法：深度水解的配方奶粉。其中的牛奶蛋白被深度水解，过敏的可能性大大降低；如果深度水解还不够，还可以选择氨基酸奶粉。

■ 还有可能是消化不良

还有一些所谓的上火症状其实是不易消化和消化不良所致。比如，酪蛋白不如乳清蛋白容易消化（实际上只是消化速度慢一些，并不是消化困难），因此中国的婴儿奶粉国家标准对于乳清蛋白的比例做了规定，要求乳清蛋白占总蛋白质的比例应该大于等于60%，而国外并没有强制性要求，所以国产品牌奶粉和原装进口奶粉可能比国外本土的品牌消化速度还要快一些。

实际上，目前做过的配方奶粉喂养和母乳喂养的对比研究，比较明确的一个差别是：配方奶粉喂养的孩子体重增加更快。通常认为，这是因为婴儿吸食奶瓶比母亲的乳头更轻松，所以更容易吃得多。这也从另一个角度说明，配方奶粉的消化并不是问题。

不过，配方奶粉只是在营养供给上接近母乳，二者之间还是有许多不同的。很多妈妈所说的不易消化一般是指：与母乳喂养的婴儿相比，食用配方奶粉的婴儿其大便的颜色更深、硬度更高、气味也更臭。其实只要不出现便秘，这种差别完全不值得纠结。

婴儿的生长发育，是一个不断探索和接受包括新食物在内的新事物的过程。在这个过程中，可能出现各种各样的症状。人们总是倾向于把这些症状归结于吃了什么或者没吃什么。比如便秘，其实母乳喂养的孩子也可能出现。而有一些父母，在冲配奶粉的时候，有意无意地少加水，认为这样可以给孩子更多营养。殊不知这可能是导致便秘的原因，而往往就被归咎于奶粉上火了。

等到孩子开始添加辅食，在尝试各种新食物的过程中，过敏和不耐受，更是很容易碰到的现象。对于同时喂配方奶的孩子，这些尝试新食物所遇到的不适，也往往归咎于奶粉上火。

■ 不上火的奶粉只是营销噱头

在中国，有太多的妈妈们相信奶粉上火了，所以凭空宣称不上火的奶粉厂家也就可以大行其道了。此外，还有许多奶粉伴侣，宣称“不是奶粉，而是针对宝宝喝奶粉容易上火、消化不良现象，科学搭配消食植物精华和高效益生元，并添加DHA、牛磺酸等聪明营养成分精研制出全新一代健康好伴侣”。

需要强调的是，“奶粉上火”本来就是利用消费者的错误认知而渲染炒作的伪概念——如果孩子出现了那些传说中的上火症状，那些“不上火的奶粉”无能为力，奶粉伴侣也无能为力。父母们需要的是客观理性地分析原因，或者求助医生，才能有的放矢地解决问题。指望这些营销噱头，无助于问题的解决，只能获得花钱买心安的心理安慰而已。

@培儿屋儿科医生联盟：“喝奶粉容易上火”的观念在部分家长心中根深蒂固，因此，催生了所谓的清火宝、奶粉伴侣之类的产品。目前婴儿配方奶粉对母乳的模拟已经相当好，在营养上与母乳的差别并不大，“喝奶粉容易上火”只不过是想象出来的问题。使用去火产品不但没好处，还会对孩子的胃肠道造成额外负担。肥了商家，苦了孩子。

某国奶粉便宜是因为享受了政府补贴？

经常看到有代购说某国的婴儿配方奶粉是享受政府补贴的，所以价格便宜、量又足，所以人家不愿意卖给没有在该国上税的中国消费者。这里的“某国”根据版本不同多种多样，瑞典、英国、荷兰、法国、德国、美国、澳大利亚、新西兰，这些国家基本上有代购的地方，就有相应的版本。他们所谓的补贴，是真有其事，还是满口胡诌呢？

当然是后者。

大家都知道，现在各个国家原则上都是鼓励母乳喂养的，这些国家基本上也都是签了旨在鼓励母乳喂养的《母乳代用品国际销售守则》的。这其中就有诸如“不得针对婴儿配方奶粉进行广告宣传”“不得免费赠送或者打折出售婴儿配方奶粉”等有可能影响母乳喂养的条款。如果政府直接把补贴给了企业或者商家，降低了婴儿配方奶粉的价格，那不就是变相打击母乳喂养吗？所以婴儿配方奶粉享受政府补贴的说法，完全是无稽之谈！

在一些国家，比较普遍的做法是每个月直接补贴给家庭一笔钱，各个家庭可以用这笔钱来应付婴儿的一些日常开支。家长既可以拿这笔钱去买奶粉，也可以去买婴儿床、尿不湿等用品。如果是母乳喂养，自然就省下奶粉钱了。这样的方式，既补贴了有孩子的家庭，又不会影响母乳喂养，是大多数国家采取的策略。

政府有没有针对乳制品进行补贴呢？有，但是针对的是奶农。很多国家为了保护自己的初级产业，都会给予各种各样的补贴，像种植业、畜牧业、养殖业等都可以获得或多或少的补贴。这些补贴是直接给农户的，并不是补贴给企业或者消费者的。在经济全球化的今天，哪个商家都不傻。如果从别的国家能买到比当地更便宜的同样的商品，商家肯定倾向于进口。因此，政府给奶农的补贴，实际上并不是为了惠及本国的消费者，而是为了让本国奶农的牛奶在国际市场上更有竞争力，更容易卖得出去。

所以，如果大家再看到有人说哪国的婴儿奶粉享受政府补贴所以如何如何，这人要么是不懂乱说，要么是为了卖货信口开河胡说八道。

A2牛奶能避免喝牛奶不拉肚子？

作者：食品工程博士、营养科普达人@云无心

2016年4月20日，一场关于“重新定义乳糖不耐受”的新闻发布会在北京召开，会上介绍了复旦大学附属华东医院孙建琴教授的一项最新临床研究成果：许多人喝牛奶会出现肠道不适，并不是公众所认为的乳糖不耐受，可能是因为肠道对普通牛奶含有的A1蛋白质所产生的炎症反应，而A2牛奶和A2奶粉，就可以避免这种“乳糖不耐受”的出现。

这项研究发表在营养学期刊《营养杂志》（*Nutrition Journal*）上，在新闻发布会上被称为乳制品行业的“突破性进展”“挑战了人们对饮用牛奶后而产生不适症状的既有认知”。

A2牛奶是什么？它真的能够使人们告别乳糖不耐受吗？

■ A2牛奶与普通牛奶之间只差一个氨基酸

牛奶中有13%左右的固体物质，包括约3%的蛋白质、4%的脂肪和5%的乳糖。牛奶蛋白中大约80%是酪蛋白，其中近1/3是β-酪蛋白，它由209个氨基酸组成，分为A1、A2和B型3种不同的分子结构。

A1和A2型的差别在于第67个氨基酸上，A1在那个位置是一个组氨酸，而A2是一个脯氨酸。在蛋白酶消化酪蛋白的时候， A1那个位置的组氨酸可能被切开形成一个7个氨基酸组成的多肽，被称为beta-casomorphin-7，简称BCM-7；而A2那个位置的脯氨酸不容易被切开，因而不能形成BCM--7。

所以，如果说A2牛奶跟普通牛奶对健康有什么不同影响的话，就应该（而且只能）通过BCM-7来实现。

不过在最初的时候，牛奶中只含有A2酪蛋白，不含有A1酪蛋白。但在人类不断地驯养奶牛的过程中，出现了可以产生A1酪蛋白的奶牛。后来，这些奶牛品种扩散到世界各地，并逐渐占据了主导地位。

■ A2牛奶公司早期宣称的普通牛奶风险被否定

2000年，新西兰成立了一家A2牛奶公司，通过DNA检测识别出那些不产生A1酪蛋白的奶牛，把它们生产的牛奶命名为“A2牛奶”。如果其他公司要生产销售A2牛奶，都要向该公司交纳费用以申请授权。

A2牛奶公司在市场上大力推广A2牛奶。起初，他们把重心放在BCM-7的生理活性上。作为多肽，BCM-7能与阿片类药物［阿片类物质是从阿片（罂粟）中提取的生物碱及体内外的衍生物，与中枢特异性受体相互作用，能缓解疼痛］的受体结合，还具有调节细胞生长的活性。阿片活性可能与自闭症有关。还有一些流行病学调查显示，喝普通牛奶多的地区，1型糖尿病和心血管疾病的发生率较高。所以，A2 牛奶公司积极宣传A1酪蛋白可能增加患这些疾病的风险，同时还向澳大利亚新西兰食品管理局（ANZFA）提出申请，要求普通牛奶必须注明这条健康警告信息。

不过，ANZFA认为这一要求缺乏科学依据，没有批准。

2005年，《临床营养杂志》（*Journal of CLinical Nutrition*）上发表了一篇关于A2牛奶的综述，结论是上述假设没有科学证据支持。

2009年，欧盟食品安全局（EFSA）发布的评估报告，明确指出BCM-7与包括1型糖尿病、心血管疾病和自闭症在内的各种非传染性慢性疾病之间“无法建立因果关系”。

EFSA和ANZFA否决A2牛奶公司宣称的A1酪蛋白的风险，最关键的原因在于，那些“有效”的证据都是把BCM-7注射到动物体内得到的，而BCM-7很难被人体吸收进入血液而稳定存在。也就是说，没有人体实验证据来证实那些动物实验的结果。

■ A2牛奶公司要重新定义乳糖不耐受

此后，A2牛奶公司转向“乳糖不耐受”方向的营销和研究。

有一部分人喝了牛奶之后会出现各种不适症状。一种情况是牛奶蛋白过敏，这是一种由人体免疫系统参与的反应，一般是从皮肤出现荨麻疹和肿胀开始，然后发生呕吐等消化道反应，严重的可能导致全身过敏性反应（anaphylaxis），并危及生命。

不过更常见和广泛的是乳糖不耐受。它是一种消化道反应，跟免疫系统无关。原因是人体不能产生足够的乳糖酶，所以牛奶中的乳糖会安然地通过消化道。在大肠里，乳糖被细菌所分解产生气体，从而导致腹痛、腹泻、呕吐等症状。

而这次北京发布会所谓的“重新定义乳糖不耐受”则是一种新的假说，认为喝牛奶之后产生的不耐受不是因为乳糖导致的，而是因为BCM-7所引发的肠道炎症反应所导致。基于这一假说，如果喝的是不含有A1酪蛋白的A2牛奶，就不会有BCM-7的产生，也就不会发生牛奶不耐受的症状。

■ A2牛奶告别乳糖不耐受的临床证据还相当有限

虽然新闻发布会对这项研究给予了极高评价，认为“这项研究的发现有着突破性的意义”“挑战了人们对饮用牛奶后而产生不适症状的既有认知”“中国营养学会也对此研究结果进行了评估和认可”。

但其实这个假说已经提出很久，此前A2牛奶公司已经赞助过两项类似的研究，一项只有21个志愿者，结果是“无统计学差异”；另一项有36个志愿者，结果跟最近的这一项类似。最近的这项研究有45位志愿者，规模比前两次大了一些。

就这项研究而言，试验设计、操作和数据分析还是严谨规范的，从数据所得的结论也基本合理。不过，需要注意的是，“乳糖导致牛奶不耐受”在理论上很合理，也有许多实验证据的支持，通过降低乳糖来改善不耐受症状已经有了许多成功的应用。

而A2牛奶和BCM-7的假说要挑战成功，仅靠目前的这几项临床试验还远远不够。在营养健康领域，要尤其注意孤证不立——尤其是这屈指可数的证据，还都是唯一的利益相关方A2牛奶公司资助的。

> **@奶粉揭秘：**有人在刚发的国家质检总局国行品牌链接看到国行A2是上海农垦总代理，以为是上海农垦控股，我帮大家梳理一下复杂的关系。A2公司2013年在新西兰上市，配方奶粉由另一家新西兰上市公司新莱特代工。新莱特是上海光明乳业控股，上海光明乳业是上海光明集团旗下上市公司，上海光明集团是上海农垦旗下全资国有集团。上海农垦和上海光明手握A2国行与培儿贝瑞两个品牌，却都做得步履艰难，只能说，要么配方奶粉不被重视，要么没有行业专才掌控团队，上市都已经三四年了，大好良机，眼睁睁坐失。可叹！
>
> 很多人都不知道中国农垦，更不知道中国农垦在中国农业养殖业畜牧业乳业有多牛。上海光明、北京首农、北京三元、黑龙江完达山、天津嘉立荷牧业、宁夏贺兰山奶业、甘

肃天牧乳业、广东燕塘、中垦乳业、新疆天润乳业、新疆生产建设兵团乳业、新疆西部牧业、新疆西域春乳业、广州风行……他们都是农垦的。

A2奶粉京东特价只需要39元，新希望跨境电商团队业已拿下A2乳品中国华西区域授权，无论是为团队业绩抑或A2牛奶原料总量供给提升，作为A2最大原料供应商的新希望很可能长期将此奶粉价格拉至超低位，澳洲代购们靠A2赚钱这条路已被彻底封死。

宣传添加了A2酪蛋白的某品牌乳制品为什么不靠谱

通过此前的介绍，相信大家都发现了，关于A1酪蛋白和A2酪蛋白的研究主要都是在证明A1酪蛋白在某些方面不利于健康，而A2酪蛋白则没问题。如果品牌真的觉得A1牛奶有问题，那么就应该使用A2牛奶来生产乳制品，然后宣称产品不含A1酪蛋白。可是不少产品强调的是“添加”，即在普通牛奶生产的乳制品中，额外添加了一点儿A2酪蛋白，但是产品中绝大部分蛋白质仍然含有A1酪蛋白。你们说，商家能说清楚A1酪蛋白到底好不好吗？

奶粉中有速溶剂？

网上的一些某国奶粉的代购们常常宣称自家奶粉之所以溶解性不好，是因为没有添加一种叫作麦芽糊精的速溶剂。言外之意，就是别人家奶粉溶解性好，是因为添加了速溶剂的缘故。由于我看不懂这种奶粉包装上所使用的文字，一直也就没太在意，以为它们速溶性不好只是工艺比较差的缘故。今天稍微仔细看了下，原来某款一段奶粉里，每100ml含有6.2g的乳糖和0.8g的淀粉。另一款号称纯天然有机的一段奶粉中，则是每100ml含有6.9克乳糖和1.2g淀粉！

同样的冲调条件下，奶粉的速溶性好坏，主要是受配方和生产工艺的影响。而且这两者是难以分开的。同样的配方，生产工艺的好坏可能会造成速溶性的差异；同样的生产工艺，不同的配方，生产出的奶粉速溶性也会有所不同。而淀粉，恰好就是容易导致速溶性差的原料之一。

那么奶粉中添加的那个所谓的速溶剂又是什么呢？会有害吗？

麦芽糊精，其实就是一种通过把淀粉部分水解后得到的一种物质。相对于淀粉来说更容易消化，同时也的确更容易溶解于水。实际上，如果按照溶解性排列的话，乳糖最好，麦芽糊精次之，最差的是淀粉。也就是说，如果其他条件都一样的话，奶粉里只有乳糖，实际上比添加麦芽糊精或者淀粉都要好溶。麦芽糊精只是比淀粉要好溶，其本身并不是所谓的“速溶剂”。婴儿配方奶粉中是没有速溶剂的。它的速溶性，是通过生产工艺来实现的。

不管是麦芽糊精还是淀粉，其实都可以添加到婴儿配方奶粉中作为一部分碳水化合物的来源。考虑到母乳中的碳水化合物主要是乳糖，因此，一般都建议正常婴儿配方奶粉中也应该以乳糖为主。麦芽糊精本身是一种已经使用了很久的很安全的食品原料，不管是国际食品法典委员会还是欧盟，都没有规定一段婴儿配方奶粉中的麦芽糊精的使用上限，不过却都规定了如果使用淀粉，不得超过总碳水化合物的30%且不超过2g/100ml。而中国的婴儿配方奶粉的国家标准，则规定乳糖应不低于碳水化合物总量的90%。

根据前面的数据简单一算就可以知道，这两款奶粉的乳糖所占总碳水化合物比例分别为88.6%和85.2%，也就是说，按照中国的标准去卡一下，它们都属于不合格产品。当然，使用这两种奶粉的妈妈也不必太担心，标准的制定各国都略有差异，松紧不同，这都很正常。奶粉中添加淀粉，通常可以达到让奶粉更稠一些，消化得更慢的作用，通俗说，就是更“解饱”。

总之，婴儿配方奶粉中是没有什么速溶剂的。麦芽糊精只是比淀粉更容易溶解和消化，并不是什么速溶剂。奶粉中可以使用一部分麦芽糊精或者淀粉，也可以只用乳糖。在中国境内正规渠道销售的婴儿配方奶粉（一段），碳水化合物都是以乳糖为主的，且肯定不低于90%。

独立第三方奶粉检测存在哪些问题

作者：食品工程博士、营养科普达人@云无心

在商品尤其是食品的生产销售中，消费者、生产者、监管部门应该是互相信任又互相监督的三角关系。但在现实中，消费者处于信息弱势的一方，除了“信与不信”“买与不买”之外，对于产销和监管几乎没有其他的制约。理论上说，监管部门应该是客观、中立、权威的一方，应该获得消费者的信任。然而，监管机构毕竟是由人组成的，其可靠性根本上说还是要由组成它的人来建立，而这恰恰是无法保障的。在中国，这一问题尤其突出——监管部门在消费者中的公信力低下，消费者对于产品保障基本上处于无助无奈的状况，“到底该相信谁”甚至成了流行语。

消费者是产品的最终裁决者，他们有权采信任何他们愿意信任的信息。对生产者和监管部门的不满，也就很容易转化为对于独立信息来源的关注与信任，这无可厚非。独立第三方检测，在国外已经有一些很成熟也很有影响力的机构，在中国也逐渐兴起。这种检测本身具有积极的意义，它是食品安全社会共治的一个组成部分。在食品生产者的质控和政府部门监管之外，独立第三方的检测可以作为一种补充，在一定程度上也是对生产者和监管部门的监督。

不过，需要注意的是：独立第三方检测这种形式具有社会意义，并不意味着以这种形式进行的检测就一定是可靠的。一

项具体的检测是不是可靠、其结论是不是合理、是不是值得采信，还需要具体地分析。

2015年，某网做了一个独立第三方奶粉检测。此次奶粉检测，某网购买了9款针对6月龄以上宝宝的2段奶粉，所有产品均为国际品牌。9款检测产品是基于调查了三大电商（京东、天猫、一号店）及北京地区大型超市、母婴店的销售情况选择出来的品牌。检测结果足以惊爆眼球：惠氏、特福芬、可瑞佳、雅培、美赞臣5个品牌的婴儿2段奶粉获得最差评级D（警示），此次抽检中最好的两款爱宝美和诺贝能奶粉只得了B（良）。检出的“问题成分”是季铵盐类的杀菌剂、氯酸盐和氯丙醇脂肪酸酯和缩水甘油脂肪酸酯。根据这些“有害成分”的含量，某网引用了一些“安全标准”，认为它们具有危害，然后根据自己设定的标准做出了评级。

但是，食品检测是一件非常专业的事情，远远不是消费者和大众媒体想象的那样容易。要得到可靠而有意义的结果，至少要以下4个要素：①合格取样是基础；②规范方法是核心；③专业人员是保障；④科学解读是关键。

过去几年中媒体热炒过的几次“媒体检测”，都在其中的一个或者几个方面存在重大缺陷。比如当年的“茶水验尿”，取样已无意义，后续的3项就更无从谈起，因而整个检测就是一起彻头彻尾的闹剧；后来的“冰块比马桶水还脏”，缺乏合格取样过程，更缺乏科学的解读，检测结果也就没有价值；而最近的“草莓检出乙草胺”，问题则主要是检测人员缺乏检测资质。而面对离奇的结果，媒体没有进行复检确认也没有寻求专业解读，就“惊爆”了出来。媒体倒是博得了眼球关注，万千草莓种植者却蒙冤受损，无疑飞来横祸。

跟这些闹剧般的检测相比，某网的这个检测专业许多。首先，他们是直接从超市购买的样品送检，样品量是否有足够的代表性可以商榷，但就取样送检过程而言是合格的；其次，某网列出了所用的检测方法是合理规范的。至于检测机构的资质，某网没有给出机构名称，也就无从评判。他们宣称是与德国的消费者杂志Öko-Test合作，下面的讨论假定委托的检测机构经过权威认证，所得到的数据真实可靠。

检测结果能够说明什么问题，科学解读是关键。某网的检测报告同样引用了一些研究结果以及安全标准，对于大多数消费者来说，看到这些“科学研究显示”“监管机构标准”等用语就难免肃然起敬，也很难有能力和精力去追究这些信息是否可靠。不过兼听则明，关于此次检测中提到的季铵盐类的杀菌剂、氯酸盐和氯丙醇酯，本章第三小节“婴儿奶粉中有消毒剂？”进行了详细解读。

通过本章第三小节的专业解读不难发现，某网对检测项目的理解以及对结果的解读存在着选择性呈现甚至曲解事实的问题。基于此做出的产品评价，可靠性也就有限。他们在报告中采访了专家，但是只引用了无关紧要的评论，真正表达核心观点的内容，报道中一概没有出现。换句话说，采访专家，只是希望专家表达他们希望的观点，与期望相悖的观点就无视了。

不止如此，某网的此次检测还有着更大的问题，就是检测思路。某网自己也说了，这些送检的产品符合中国国家标准，而他们选取的部分检测项目，是不在国家标准之中但“他们认为”可能带来健康风险的。这一理念看起来无可厚非，但操作起来问题很多。

一方面，这些项目不在国家标准之中，说明对它们安全性的评估缺乏科学数据，由此来判定是否安全并不靠谱。比如季铵盐，其他国家没有指定标准，欧盟过去几年制定的标准从0.01mg/kg变到0.5mg/kg，又要变成0.1mg/kg，更像是先打靶后画圈的操作。而某网没有选现行的0.5mg/kg或者将要执行的0.1mg/kg，而是采用了已经因为不现实而被废弃的0.01mg/kg来判定超标和有害，在一定程度上可以算是混淆视听了。

另一方面，这种“量与风险尚缺乏科学数据”的物质很多，有自然界天然存在的，也有生产过程的必要操作引入的残留，只要想去检测，在目前如此先进的检测手段之下，都总是能够找到“具有潜在风险”的目标。

2007年《突变研究》（*Mutation Research*）上发表了一篇综述，总结了过去30年中各种饮用水杀菌方式所产生的副产物，总共有85种，其中只有11种在美国被列为受控指标，而其他的74种缺乏足够的数据来设定合理指标，也就未被列入监控。任何食品生产都需要水，而且总是需要某种手段来对水进行消毒。也就是说，任何食品中都会有某些消毒杀菌导致的残留或者副产物。而这些物质，多多少少也总能找到“大量摄入可能导致××”的文献，也就都可能成为某网这种检测理念的目标。

缺乏评估安全性的科学数据，但不乏检测物质含量的技术手段——按照这种检测理念，完全可以用类似的“独立第三方检测”来实现如下桥段：针对要贬低的品牌和要宣传的品牌，严格规范地选取一些样品，委托权威专业的检测机构，在那几十种可能的残留或者副产物中挑选指标来检测；经过足够多的检测，几乎肯定能够找到某些成分，在要贬低的品牌中含量高而在要宣传的的品牌中含量低；然后，查找这些成分曾经有过的毒理或者其他实验，总能找出它们“可能导致XX危害”，而尚无安全标准，但基于“既然可能有害，那么就应该避免它”的逻辑，就可以根据其含量对产品进行评级——结果，要贬低的自然逃不脱黑榜，要宣传的也必然昂首进入红榜。

此外，某网发布这样的检测和评级，流程上是否违规也值得商榷。2013年6月，国务院办公厅转发了国家食品药品监督管理总局等9部委《关于进一步加强婴幼儿配方乳粉质量安全工作意见的通知》，为了确保信息真实准确，要求“未经国家专门检验检测机构复核，不得发布婴幼儿配方乳粉的检验检测结果等信息”。从某网的报道来看，他们的评测是否经国家专门检验检测机构复核十分存疑。

@奶粉揭秘：一家没有任何资质的机构也没有任何检测报告，更违反国家相关法规，未经过国家指定检验机构复检确认，随便发布个报告你们就不停问我怎么看。我能怎么看？请你们牢记，除了国家市场监督管理总局，其他个人与机构在未经国家专门检验检测机构复核之前，所擅自发布的婴幼儿配方奶粉检测信息均为非法，公正性真实性可靠性一样都没有！

有机奶粉更值得拥有?

婴儿奶粉是消费者支付意愿极高的产品——只要“可能对宝宝有好处”，就会有很多家长掏钱。在食品安全极度敏感的大背景之下，有机奶粉极力宣扬“更天然、更营养、更安全”，自然也就有了很大的号召力。然而，事实真的如此吗?有机奶粉，值得拥有吗?

■ 有机奶粉，有机在哪里?

所谓“有机食品”，总体上有两条要求：一是按照有机农业的生产体系进行生产和加工，二是经过独立的认证机构认证。所谓“有机农业的生产体系”，世界各国制定的规范不尽相同，一般都要求不使用合成农药、化学肥料、生长调节剂、抗生素以及转基因品种等。从常规农业转化成有机农业，还需要一段“有机转换期”，期间执行有机生产规范，但产品也不能称为有机产品。

跟普通奶粉相比，有机奶粉要求牛奶原料来自于有机奶牛，后续的加工过程满足有机规范，其他主要原料比如植物油和乳糖也要来自于有机产品，最终有机原料的含量达到95%以上。

■ 有机奶粉更有营养吗?

不管是动物还是植物，其可食部分的化学组成都会受到种植方式的影响。也就是说，有机种植的食品和常规种植的食品在理论上可能存在一定的差异。不同的常规产品之间，或者不同的有机产品之间，也会存在这样的差异，有机产品和常规产品之间的差异未必更大。换句话说，一种食品是否“有机”，无法通过检测分析其化学成分来判断，只能通过对种植和加工过程的监控来保证。学术文献中有过不少有机食品与常规食品的比较，也没有数据支持“有机食品比常规食品更有营养”的说法。

具体到有机奶与常规奶，有一些研究比较过二者的营养成分。主要营养成分，比如蛋白质、脂肪、乳糖、钙等，二者之间没有实质差别。有一些微量营养成分，二者可能会有不同。比如有文献报道，有机奶中的ω-3不饱和脂肪酸含量比常规奶要高，这让有机倡导者很高兴。但是，在同一项研究中，也测出有机奶中的ω-6不饱和脂肪酸含量比普通奶要高。而在其他研究中，还发现常规奶中的共轭亚油酸和铜、锌、硒等微量元素的含量比有机奶要高。这些元素都是人体需要的营养成分，如果非要按照某一成分的含量来判断常规奶和有机奶的“营养价值”，就会得出混乱的结论。

对这些差异，应该如何去看待呢？首先，跟人体需求相比，这些差异的影响很小，比如ω-3不饱和脂肪酸，即使有机奶中的含量稍高一些，人体通过喝奶所获得的总量还是很少。这就像一个人月收入1000元，另一个人月收入1100元，对于买房子而言这样的差别完全不值一提。其次，奶粉中的ω-3不饱和脂肪酸到底对婴儿发育有多大意义，目前并没有充分明确的证据，所以各国的婴儿配方奶粉标准并没有把它作为要求，而只是作为“可选成分”。如果它是影响奶粉“营养价值”的成分，那么标准中就会被定为“必需成分”。

其他的成分差别也是如此。一方面差异很小，另一方面检测出来的数据是有机奶和常规奶各有所长。在目前市场上的奶粉中，许多常规奶粉会添加叶黄素、牛磺酸、核苷酸、β-胡萝卜素、氰钴胺（维生素B_{12}）等国家标准中的“可选营养物质”，而有机奶粉一般未添加。如果非要用“可能有好处”的成分来评判奶粉的营养价值，那么“有机奶粉更有营养”就更不能自圆其说了。

其实，婴儿配方奶粉的组成是按照“配方要求”规定好的。不管使用有机原料还是常规原料，都必需满足国家标准的要求。在国家标准的范围内，具体成分的多点少点，并不能用来评判奶粉“营养价值”的高低。

■ 有机奶粉更安全吗？

每当谈及“有机食品并不比常规食品更有营养”，就总会有人说“我们看重的不是营养，而是安全”。那么有机食品真的更安全吗？至少美国农业部明确表示，对于有机食品，他们只负责认证是否满足有机生产规范，而不对其是否更安全做出判断。

在有机产品与常规产品的比较中，一般有机产品中检测出的化学农药残留量确实要比常规产品要低。不过，需要强调的是：“有农药残留”并不意味着“不安全”。农业生产中使用的农药，都有残留量的标准。标准是已经留了很大安全余量的“警戒线”，只要没越过这个“警戒线”，就可以认为是安全的。这就像如果一条公路的限速是60公里每小时，那么纠结时速20公里和25公里哪个更安全，其实没有什么意义。

需要注意的是，有机生产并不是不用农药，只是不用“化学合成的农药”而已。另外，“有机农药”对虫害的控制较差，所以人们在农业生产中经常不得不用更大的量。虫害控制不力，也会使得植物使用自身防御反应的机会更多——植物的自身防御，往往是分泌对人体有害的毒素。此外，植物也更容易被真菌等微生物感染，而这些微生物也可以分泌毒素。在2005年的一项研究中，比较了意大利北部地区的有机奶与常规奶中的各种污染物与毒素的含量，发现49%的有机奶中黄曲霉毒素M1的含量超过了50ng/L，而常规奶中只有10%超过了这个数值。在欧盟的牛奶标准中，黄曲霉毒素的限量就是50ng/L——也就是说，这个地区的有机奶“超标”比例接近一半，而常规奶只有10%。当然，这个标准或许是过于严格了——美国、日本和中国的标准都是500ng/L，在这些国家的研究中检测的有机奶和常规奶其黄曲霉毒素含量都没有超过100ng/L。

这并非一个特例。在中国台湾和欧盟，有不止一项研究检测过鸡蛋中的二噁英含量。虽然其含量都在标准范围之内，但有机鸡蛋（或走地鸡蛋）中的含量远远比笼养鸡要高。二噁英也是一种著名的致癌物。

简而言之，有机奶粉的化学农药残留可能要低于常规奶粉，但只要是合格的奶粉，不管是有机的还是常规的，农药残留量都会远远低于“有害含量”。而那些通常不被检测的污染物或者毒素，在有机奶中的含量反而可能比常规奶更高。

有机奶粉值得购买吗？

总体而言，有机奶粉跟常规奶粉的区别，就是贵——这个贵，并不是因为它“更安全”或者“更营养”，而是它的生产成本更高、营销开销更大，以及生产规模小，所以需要更高的利润率。

对于孩子，它的好处即便是有也微不足道——至少，没有科学证据来支持。对于家长，它最大的价值就在于心理上的优越感：我给孩子吃的奶粉更“高级”！

听说草饲奶粉更优质？

继有机奶粉之后，草饲奶粉成为越来越多品牌的新选择。近年来，国内外知名奶粉品牌纷纷推出了自己的草饲奶粉，有的一罐的价格甚至卖到了300元以上。这些草饲奶粉的广告大多宣称比普通奶粉更新鲜、更营养、更健康，实际情况真的如此吗？

什么是草饲奶粉？

顾名思义，“草饲”其实是一种奶牛圈养的饲养方式。“草饲奶粉”是指可自然漫步于天然的牧场中，并主要以鲜草为食的奶牛所生产的牛奶制成的奶粉。

随着畜牧业现代化水平不断提高，把奶牛圈养起来，喂食谷物的饲养方式逐渐取代了草饲放牧。谷饲的奶牛生长速度较快，饲养成本比较低。目前在全球范围内，草饲奶牛的数量是相对较少的。

大力推广草饲奶粉的企业都声称，草饲喂养的奶牛产的奶含有更丰富的营养成分，其中蛋白质、ARA、β-胡萝卜素、维生素D含量更高，共轭亚油酸、α-亚麻酸含量分别为普通牛奶的3倍、2.5倍。除此之外，在天然的生存环境中，奶牛患病率会降低，因此服用的抗生素和激素也较少。用草饲奶加工成的奶粉，自然品质也更高。

草饲也有标准，不过不同国家、不同机构的“草饲标准”存在一定差异。

2019年1月，美国草饲协会（American Grassfed Association）专门发布了草饲乳品标准，从饮食、是否受约束、是否使用抗生素和激素以及来源四个方面来规范草饲乳品的高标准和严要求。其规定，草饲奶源需要60%以上的青草喂养率（其他部分使用饲料喂养），全年放养时间需要在150天以上。

2021年8月，爱尔兰食品局于爱尔兰驻中国大使馆首发《爱尔兰国家乳品草饲标准》，制定了国家层级草饲奶粉的标准：规定每头奶牛食用新鲜牧草在整个饮食的占比不得低于90%，奶牛全年需要240天以上户外放养，全年日照时间需要超过2850小时，禁止使用抗生素、激素和转基因饲料，挤奶频率为每24小时2次等。

在我国，由于草饲概念才刚起步，相关标准和认证机构目前还不完善。

■ 草饲奶粉是否值得购买？

众所周知，婴幼儿配方奶粉是根据婴幼儿的营养需求进行设计的，是以奶粉、乳清粉等为主要原料，加入适量的维生素和矿物质以及其他营养物质，经加工后制成的粉状食品。

草饲奶并不代表草饲奶粉。即便草饲奶有较高的营养价值，也不意味着所生产出来的草饲奶粉也拥有远高于普通奶粉的营养价值。企业在生产奶粉时，一般都会额外添加多种营养素，来保证宝宝的营养需求。目前还需要更多的研究数据支持草饲奶粉的高营养价值，实在没必要为这种溢价的奶粉买单。

日本奶粉没问题，中国沿海不缺碘？

总会有网友私信说“我觉得日本奶粉应该适合中国宝宝”“我觉得中东奶粉应该适合”“我觉得泰国奶粉应该适合”“我觉得韩国奶粉应该适合”等，好像亚洲其他国家生产的奶粉都比中国生产的更好、更适合宝宝。

在婴儿用品领域，日本的工业设计和生产一直位居世界前列，尤其是奶瓶、奶嘴、纸尿裤、婴童服装。这些产品设计的人性化理念非常值得中国企业学习借鉴。但对于日本奶粉，还是不建议海淘，因为供应日本本土的婴幼儿奶粉普遍碘含量低于WHO标准，更远低于中国国家标准。碘是合成甲状腺激素的重要原料，而甲状腺激素可促进生长发育、调节新陈代谢、影响其他器官的功能等。碘几乎无法在身体中常规储备，我们只能通过不断地摄入碘来保证机体所需。婴幼儿时期的碘缺乏会直接影响智力发育，即使是短暂几个月的缺碘都会造成智力发育不可逆的结果。

日本是一个碘资源相当丰富的国家。碘资源并不仅仅来源于海产品，还有地下伴随天然气的卤水。20世纪80年代，日本的碘产量就达到了每年7500多吨，曾经是世界上最大的碘产地与碘出口国。由于碘极易溶于水，所以在碘资源丰富的地区富碘的水通过雨水、地下水在环境中循环，整体环境就含有非常丰富的碘。日本地下水的使用率超过40%，同时日本又是世界上最大的海水淡化国之一，海水淡化后也会含有部分碘。在这种丰富的碘环境下，植物和水含有足够的碘，动物比如奶牛喝水、吃草就可以摄取碘，从而导致奶牛所产的牛奶本身就含有碘。日本婴儿无论是喝母乳、喝配方奶粉，还是添加辅食之后，都能摄入到足够的碘。因此，日本婴幼儿配方奶粉的国家标准没有对碘含量给予强制性要求，对奶粉中的碘含量也不进行检测。但是，所有矿产都有一个显著的特点：分布不均。也就是说，日本并不是全部地区的环境中都有足够的碘，有可能存在这样一种情况：如果奶牛本身处在低碘的环境而缺碘，产出的奶粉缺碘又没有被检测或者添加，恰巧宝宝生活的地区水碘含量同样不足，所冲泡的奶粉给0～6月龄只能人工喂养的宝宝喝，宝宝必然会缺碘。

当然，日本奶粉并不是一定都缺碘，但确实有一定的概率。如果你实在喜欢日本奶粉，请购买正规进口的国行奶粉。因为正规进口的国行奶粉必须要符合中国婴幼儿配方奶粉相关标准，会按照要求检测和添加碘。

妈咪提问

Q：我是奶爸的新粉，已经在朋友圈发了从奶爸这里了解的知识，想影响圈里的宝妈。今天我和一个喝日本奶粉的宝宝的妈妈（她家宝宝才4个多月）说别再喝日本奶粉了，可能缺碘。她说她囤了10罐，下次喝的时候放盐！

A：看来科普婴幼儿正确喂养知识任重而道远啊！

Q：奶爸，日本奶粉不能喝，那中国超市卖的日本品牌的酸奶，婴儿可以吃吗？

A：你所说的这种日本品牌的酸奶很可能是在江苏生产的，河北奶源，1岁以上的宝宝可以开始尝试喝这种酸奶，但以少量为宜，不能用酸奶代替母乳或配方奶。

如果宝宝生活在沿海地区，其家庭海鲜吃得也比较多，饮食结构与日本差异不大，也不能喝日本奶粉吗？

这类问题总会有家长来问我，我已回答上百次了。许多人以为海水中碘丰富，生活在沿海城市的人就必然不缺碘。其实海水中的碘并不算太丰富，含碘丰富的只是少部分海产品。另外，中国沿海地区大多数水源还是地表水或者地下水，国内的膳食结构也极少有每天吃海藻类食物的习惯。研究发现，我国沿海地区反而比内陆缺碘的人群数量更多，原因可能就在于生活在沿海地区的人们以为自己不缺碘，所以不吃碘盐，造成了碘摄入不足。2006年，国家卫生部对31个省37288例8～10岁儿童进行智力测查，结果显示所有儿童的平均智商为103.5，来自北京、上海和浙江等地儿童的平均智商在110以上，且高智商所占比例明显增加。监测结果显示，广东8～10岁儿童智商为101.1，低于全国平均水平，主要原因就是缺碘。2008年，国家卫生部要求对部分严重缺碘地区实施应急补碘，广东、海南赫然在列，所以妈妈们一定不要大意。

2014年8月13日，深圳市疾病预防与控制中心发布《深圳市食盐加碘和居民碘营养状况分析》，明确提出沿海地区居民仍需继续补碘，没有证据证明食盐加碘与甲状腺疾病高发有关，深圳市水碘含量极不稳定。有兴趣的妈妈可以在网上搜一下这篇文章。中国大部分地区整体环境缺碘（少数地区高水碘，但高水碘地区并非传统意义上的沿海地区，而是黄河中下游地区），仍然要靠摄入碘盐补碘。婴幼儿不能摄入加碘盐的时候，所需要的碘只能来自母乳、奶粉和辅食。

所以，真的不建议大家买日本本土奶粉（日本部分乳企原装进口到中国的国行奶粉目前都在荷兰、澳洲代工，已严格按中国婴幼儿配方奶粉标准添加了足量碘，可以购买），不仅因为碘含量不达标，还因为日本屡次发生食品安全问题。自2010年4月日本爆发口蹄疫后，中国就已全面暂停日本奶粉进口，直至今天仍未解禁，目前市场上流通的日本奶粉都不是来自正规渠道。日本乳企为恢复进口中国，甚至不惜放弃本土奶源使用澳大利亚奶源，谈判过程中日本突发核泄漏，原国家质检总局再次明示不得进口日本奶粉，如果直邮被中国海关查出会退回或销毁，而销售日本奶粉属于严重违法并涉嫌犯罪！关于不要使用日本奶粉的事，我已经提醒过很多次，有那么多选择，为什么非要选择日本奶粉呢？

Q：奶爸，听说国内的配方奶粉有数据造假，是真的吗？

A：国内配方奶粉月月抽检、月月公告，异地购买采样检测，连标签上印错一个字都被公告不合格，这种大环境下其实是不容易造假的。知道大家可能又要说三聚氰胺了。2008年，由于三鹿基粉污染问题，购买使用三鹿基粉的22家配方奶粉生产企业的69批次产品被检出不同含量的三聚氰胺。但是在2008年，中国大陆获得配方奶粉生产许可的生产企业共有128家，也就是说有106家企业的配方奶粉是没有问题的。

Q：奶爸，我要提问，国家正规进口渠道确实是拒绝日本奶粉吗？

A：是的，所有日本品牌正规进口国行奶粉均为荷兰与澳洲代工，日本本土产奶粉不得进口。

奶粉中检出矿物油，还能吃吗？

作者：科信食品与健康信息交流中心专家@阮光锋

2019年10月24日，一家德国的公益组织“食品观察”在官网上发布一份报告称，他们将产自德国、法国和荷兰的16款婴幼儿奶粉送检，在8款奶粉中检出芳香烃矿物油残留物，其中包括雀巢、诺优能、悠蓝等知名品牌。这些受影响奶粉中的芳香烃矿物油含量在每千克0.5~3mg。

很多家长在看到这个消息后非常担心，为什么奶粉中会有矿物油？对宝宝是否有危害呢？

■ 矿物油是一个大家族

矿物油（MOH）是一类脂溶性物质。“一类”代表着矿物油并不是一种物质，而是一个庞大的家族。矿物油可分为饱和烷烃矿物油（MOSH）和芳香烃矿物油（MOAH）。而按照黏度又可分为低黏度、中黏度和高黏度三类，一般规律是碳原子越多，分子量越大，黏度越大，毒性越小。

矿物油既有工业用途如用于生产汽油、柴油等，又有在食品生产中的应用，比如食品添加剂石蜡就是一种矿物油。除此之外，生活中很多化妆品都含有矿物油，比如各种保湿油、卸妆油、护肤品等。矿物油在药品中也有很多应用。

■ 食品中的矿物油主要来源于食品包装

那么，奶粉中为何会有矿物油呢？事实上，在食品工业中，矿物油是可以使用的，一方面是作为食品添加剂使用的，一方面在包装材料中也广泛使用。

联合国食品添加剂联合专家委员会（JECFA）对食品级矿物油做过翔实的安全性评价，确定了某些矿物油可用于食品加工和生产。

欧盟允许矿物油使用于可可、巧克力制品，以及其他糖果制品包括口气清新类糖果、口香糖的生产。

美国也允许矿物油在糖果、焙烤食品、大米等食品中使用。

中国允许矿物油作为加工助剂使用，常作为消泡剂、脱模剂、防粘剂、润滑剂等用在发酵食品、糖果、薯片和豆制品的加工中。

欧洲食品安全局曾对市场上的食品进行调查发现，几乎所有食物均或多或少含有矿物油，平均含量最高的食物分别是糖果（不含巧克力）、植物油、鱼类产品（鱼罐头）、油籽、动物脂肪、鱼肉、坚果等。

调查发现，食品中的矿物油主要来源于食品包装、食品添加剂、加工助剂和润滑剂。食品包装可能是最大的来源。

奶粉中有矿物油，最可能是通过印刷油墨经过包装材料进入到食品原料和食品中的。看看我们现在的奶粉，都会用各种包装纸、包装罐，包装罐上又会用油墨印刷上好看的图案和文字，这些油墨中的矿物油难免就会进入食品中。所以，奶粉中检出矿物油也是情理之中的事情。

■ 奶粉中微量的矿物油不会危害宝宝健康

对于宝爸宝妈来说，最关心的还是是否安全，毕竟奶粉可是宝宝们的口粮。其实，从目前来看，大家不用太担心。

首先，尽管矿物油难免会进入我们的食品，但是在食品中检出的矿物油含量一般都不高，潜在的风险还是很低的。

其次，矿物油是可以作为食品添加剂使用的。与其他允许使用的食品添加剂一样，只要是符合国家标准、合理使用矿物油，都是安全的。

矿物油是一种脂溶性物质，可在人体的脂肪组织内蓄积，所以人们担心它是否会危害身体健康。

2012年，联合国食品添加剂联合专家委员会将矿物油分为高黏度矿物油和低黏度矿物油，提出高黏度矿物油的每人每天安全摄入量是每千克体重0～20mg。

欧洲食品安全局则认为毒性与矿物油的黏度有关，并设定高黏度矿物油和中黏度矿物油的安全摄入量为每千克体重12mg。

当然，矿物油的组成太过复杂，不同类型的矿物油相差很大。而现实的矿物油又可能是不同结构的混合物，简单套用这个指标也不合理。

欧洲食品安全局的专家在一项评估报告中指出，矿物油的实际摄入量为每千克体重0.03~0.3mg，儿童的摄入量要高一些。纯母乳喂养的婴儿，每天摄入量大概在为每千克体重0.3~0.5mg。一般而言，这些矿物油中大概有15%~35%是“芳香烃矿物油”。从这个数据来看，欧洲婴儿每天摄入的芳香烃矿物油为每千克体重0.05~0.18mg。

这份评估报告还指出，检测中芳香烃矿物油含量最高的奶粉导致的婴儿每天每千克体重摄入量约为3mg，按照这个量推算，可以得出，吃奶粉的婴儿摄入的矿物油，并不比纯母乳的婴儿摄入的矿物油更多。所以说，可以认为这点矿物油并不会对宝宝的健康产生危害。

■ 奶粉中的矿物油不是“非法添加”

值得一提的是，奶粉中的矿物油并不是“非法添加”，添加它对于厂家来说毫无好处。奶粉中的矿物油是奶粉加工过程中带来的，有可能是来源于“加工助剂”，也可能来自包装材料。我们无法避免，只能尽量减少，相关标准中对食品包装材料中矿物油的迁移量是有限制的。

最后总结一下，从目前的科学数据来看，食品中可能存在的矿物油对于健康的危害很小，大家不用太担心，奶粉该吃还是得吃。此外，应注意在正规渠道购买奶粉。

婴儿奶粉中有卡拉胶，宝宝能吃吗？

作者：科信食品与营养信息交流中心专家、食品安全博士@钟凯

食用胶是食品工业中应用非常广泛的添加剂，其主要作用是增稠。卡拉胶（Carrageenan）是食用胶中的优秀代表。它是高分子多糖，来自天然的红藻，比如鹿角菜、麒麟菜等。

卡拉胶并不是单一成分，而是多种结构相似成分的混合体。它属于可溶性膳食纤维，但人体并不会代谢吸收，因此没有营养价值。虽然卡拉胶有着“纯天然”的身份，但前些年也陷入“安全争议”，其中包括“可能导致肿瘤”。这到底是怎么一回事呢?

■ 卡拉胶的“发家史”

卡拉胶在食品中的历史可以追溯到600多年前，当时爱尔兰人用一种海边的苔藓（Irish Moss）来制作奶冻。实际上这是一种叫“皱波角叉菜”的海藻，其中的卡拉胶可以形成类似果冻的口感。18世纪，爱尔兰因土豆“晚疫病”暴发大饥荒。大量爱尔兰人逃难到美国，将红藻的种植技术带到新英格兰地区。

后来随着卡拉胶分离技术的出现，工业化的生产加工在美国东海岸逐步发展起来。卡拉胶的命运转折点是二战时期，在那之前，食品工业普遍使用另一种海藻提取物，那就是琼脂。但当时琼脂的主产地在日本，战争断了货源，反而刺激美国的卡拉胶产量激增，并在战后逐渐成为全球食品工业用量最大的

海藻提取物。中国最早也生产琼脂，大约在20世纪70年代才开始生产卡拉胶，但发展很快。浙江、福建等地的卡拉胶产量不断攀升，目前每年出口卡拉胶1.3万吨以上，远销欧美。

■ 卡拉胶安全吗？

JECFA早在1974年就认为卡拉胶安全可靠，可以用于食品生产，欧洲食品科学委员会对此表示支持。后来JECFA又多次评估，依然维持这一结论，并认为其“无须制定限量”。美国FDA很早就将卡拉胶列为GRAS物质（通常认为安全），并批准其用于各类食品的加工生产，而美国农业部也允许卡拉胶用于肉制品的加工生产。

目前卡拉胶被广泛使用在各个国家的各种食品的加工生产中，比如果冻、果酱、糖果、巧克力、饮料、乳制品、面制品等，多数情况下，甚至不限制其使用量（用多了口感反而不好）。这说明各国管理机构对它的安全性是比较放心的。

此外，卡拉胶还有一定的抑菌、抗病毒作用，所以也用于牙膏、洗涤剂、洗浴液、化妆品、药品等生产领域。

■ 卡拉胶致病吗？

在2000年前后，几篇论文的出现打破了平静，文章声称卡拉胶会造成实验动物的结肠溃疡。由于卡拉胶用途实在太广，你几乎每天都在接触，这在当时引起了很多人的关注和担忧。

为此，JECFA组织了10个国家的权威专家对卡拉胶的安全性再次进行评估，对所有科学证据进行了梳理。最后专家们认为，这一论点有“脱离剂量谈毒性”的嫌疑。

根据欧洲、美国和加拿大的数据进行估算，正常人一天摄入30 ~ 50 mg卡拉胶。而造成肠道溃疡的剂量换算出来大约是45000mg，相当于一个成年人一天吃45 kg果冻。

最终结论是，卡拉胶很安全，不需要限制其在食品加工生产中的使用。

上述研究还提出，“降解卡拉胶”可能促进肿瘤形成。但是很多人并不知道，“降解卡拉胶”和卡拉胶完全是两种物质。卡拉胶在高温、酸性条件下可以转变为“降解卡拉胶”，不过人体消化道并不能使之降解。

此外，降解卡拉胶并没有增稠、凝胶或提高食物稳定性的作用，也没人会用它生产食品。针对这一争议，欧盟的再评估给出了答案。

2003年欧盟食品科学委员会认为，“没有证据表明食品级的卡拉胶对人类健康不利，食品中的卡拉胶也不会产生降解卡拉胶。”国际癌症研究机构的评估也认为卡拉胶并不是潜在致癌物。

■ 婴幼儿奶粉中能用卡拉胶吗？

世界各国对婴幼儿食品的管理一直是很谨慎的，对于卡拉胶的态度，世界卫生组织曾经是“不建议用”。但2015年经过再次评估，专家组认为，卡拉胶可以用于婴幼儿奶粉或特殊医疗用途食品的生产，只要将用量控制在不超过1g/L（冲调后）就可以了。目前我国的婴幼儿奶粉标准规定的卡拉胶用量是不超过0.3g/L（冲调后），这一限量与欧盟一致，区别在于欧盟不允许卡拉胶用于4个月以下的婴儿食品。

总之，到目前为止，对卡拉胶安全性的认识并没有出现“颠覆性”的改变。虽然很多食品中都含有它，但含量都不大，人体总的摄入量其实很低。所以连婴幼儿奶粉中都含有卡拉胶，我们还有什么好担心的呢？

当然，需要强调的是，食品添加剂需要依法、依规使用，任何将其用于掺杂使假或以次充好的行为都是不允许的。

再现“大头娃娃”危机？冒充“婴儿奶粉”的固体饮料

2020年，湖南郴州出现固体饮料被当成特医奶粉售卖给家长、导致儿童头骨出现畸形一事，引发社会高度关注。而最后的调查结果是：作为固体饮料，厂家的产品合格；而把它们作为特医奶粉销售的商家受到了严厉处罚。在这件事情之后，有不少网友发现市面上还有好多种产品的产品类别写的是“固体饮料”，甚至一些打着“奶粉伴侣”旗号的产品，也是固体饮料。那么这个固体饮料到底是什么？这样的产品能买吗？

■ 什么是固体饮料？

根据国家标准GB/T29602-2013《固体饮料》中的定义，固体饮料是指用食品原料、食品添加剂等加工制成的粉末状、颗粒状或块状等固态的供冲调饮用的制品。大家可以简单地理解为，固体饮料就是需要加水冲调后才能喝的饮料。举个例子大家就明白了，大家常见的水果粉、豆奶粉、核桃粉、奶茶粉、速溶咖啡粉以及很多“奶粉伴侣”等，都属于固体饮料。

■ 固体饮料宝宝能喝吗？

母乳和婴幼儿配方奶粉，含有婴幼儿生长发育所需要的各种营养元素。而打着“奶粉伴侣”“特医奶粉”旗号的产品，能满足宝宝的营养需求吗？我们以某款“清火”奶粉伴侣为例，其配料表中的信息为：食用葡萄糖、低聚果糖、水溶性膳食纤维、复合维生素（维生素A、B族维生素、维生素C、维生素D、维生素E、牛磺酸）、梨汁粉、樱桃粉、苹果粉、柳橙果汁粉、苦瓜粉、磷酸三钙等。

很明显，这款产品和奶粉毫无关系。其中的营养素含量不高，糖含量却很高。婴儿长期摄入这样的“奶粉伴侣”，会严重破坏自身的营养均衡，长期喝的话肯定会影响婴儿的生长发育。

《食品安全国家标准预包装食品标签通则》（GB7718-2011）要求所有产品都应当“在醒目位置清晰标示反映食品真实属性的专用名称”。特殊医学用途婴儿配方奶粉和婴幼儿配方奶粉，都会在包装的醒目位置进行标注，绝不可能标注“固体饮料”。我们在给宝宝购买这类产品的时候，要仔细阅读标签，不能只相信导购的说辞。大家一定要牢记，婴儿要尽量母乳喂养，如果无法母乳喂养，就选择婴儿配方奶粉，千万不要让“奶粉伴侣”之类的“营养补充剂”来坑害宝宝的健康。

■ 对于普通人，固体饮料好不好？

大家问这个问题，一般是想知道从关注营养健康的角度来看固体饮料好不好。其实这个问题的本质是饮料到底好不好。是不是觉得很难回答？因为饮料种类繁多，很难一概而论。

固体饮料相当于只是把饮料中的水分去掉了，而饮用的时候需要加水复原，这一点有点像是牛奶和奶粉的区别。所以从营养健康的角度来说，固体饮料的营养价值跟其对应的液体饮料相当。也就是说，如果对应的普通液体饮料不太健康，那么这种固体饮料肯定也不太健康；而如果对应的普通液体饮料本身比较健康，那么这种固体饮料也是一样的。

固体饮料的优势在于其便利性。由于去除了水分，固体饮料在运输和储存方面都比液体饮料更经济方便。比如，你在办公室抽屉里放一盒速溶咖啡占不了多少地方，但要是换成相应的液体咖啡，那就恐怕要占满整个抽屉了。你外出时带十几包固体饮料也就几百克的重量，要是换成液体饮料那恐怕得好几千克了。

■ 如何选择好的固体饮料呢？

固体饮料既然这么便利，那么该如何选择健康又营养的固体饮料、避开不健康的固体饮料呢？其实选择的方法跟液体饮料是一致的，那就是需要看产品的营养成分表和配料表。

由于市面上很多饮料糖含量很高，固体饮料也一样，因此选择的时候需要注意产品配料表中蔗糖或者白砂糖是不是排在前几位。除此之外，生产厂家通常会通过添加植脂末来增加产品的脂肪含量，改善口感。因此，如果你发现固体饮料的配料表中有植脂末，还需要注意营养成分表中的脂肪含量是否过高。

固体饮料中有一类是“含乳固体饮料”，对应的液体形式就是含乳饮料。需要大家注意的是，这种含乳固体饮料是饮料，其中含有的来自奶的成分通常比较少，一般无法起到提高钙和蛋白质含量的作用，因此不可视作乳制品。

以上关于固体饮料的介绍主要是为了让大家在选择的时候能做到心里有底。还想提醒大家的是，如果某种好喝的饮料能让你快乐，那么即使里面的糖分和脂肪偏高一些，偶尔喝喝也是无妨的。在知晓利弊的情况下做出选择坦然享受就好，如果一边吃着美味一边心怀愧疚那就得不偿失了。

奶粉，世界最严监管

中国政府在2008年之后，对婴幼儿配方奶粉监管空前苛刻、全球最严。2009年拟定新奶粉国家标准，2010年全面审核国内婴幼儿配方奶粉生产企业，重新核发生产许可，2012年实施原装进口奶粉海外生产厂家备案，2013年要求原装进口婴幼儿配方奶粉不得贴白标，最小销售包装印刷中文，2014年全面实施海外奶粉加工企业现场认证，2015年起每季度抽检市售奶粉，2016年起月月抽检市售奶粉，实施婴幼儿配方奶粉注册管理办法，2023年正式实施婴幼儿配方奶粉新国际。中国政府的负责任态度，你们看到了吗?

奶粉监管，从三聚氰胺说起

2008年的三鹿奶粉事件让很多人对国产奶粉的信心跌入谷底。但是大家也应该看到，自此之后，我国在奶粉监管上做出的巨大改变。

2008年9月13日，国务院启动国家安全事故I级响应机制（“I级”为最高级：指特别重大食品安全事故）处置三鹿奶粉污染事件。患病婴幼儿实行免费救治，所需费用由财政承担。有关部门对三鹿婴幼儿奶粉生产和奶牛养殖、原料奶收购、乳品加工等各环节开展检查。质检总局负责会同有关部门对市场上所有婴幼儿奶粉进行全面检验检查。

2008年9月16日，中央电视台报道，国家质检总局对109家婴幼儿奶粉生产企业的491批次产品进行了排查，检验显示有22家企业69批次产品检出了含量不同的三聚氰胺。

由于三鹿是当时全球最大的奶粉基粉生产企业，所生产基粉向国内、国外多个企业销售，三聚氰胺污染奶粉引发乳品行业骨牌效应。

2008年9月17日，国家质检总局宣布取消食品业的国家免检制度，所有已生产的产品和印制在包装上已使用的国家免检标志不再有效。

2009年初，国家卫生部受国务院委托，领衔清理原有乳业标准，将以往的160余项乳品标准整合完善，统一为66项乳品安全国家标准，其中包括乳品产品标准（包括生乳、婴幼儿食品、乳制品等）15项、生产规范标准2项和检验方法标准49项。

2011年4月，国家卫生部公布婴幼儿配方奶粉新国家标准GB 10765-2010、GB10767-2010，该标准在多个项目要求中均比国际食品法典委员会婴幼儿奶粉标准更严格，被誉为“全球最严格婴幼儿奶粉国家标准”。

2014年6月，国家食品药品监督管理总局公布获得新版婴幼儿奶粉生产许可的82家乳品生产企业。

2015年10月1日，新版《中华人民共和国食品安全法》正式实施。

2016年3月15日，国家食品药品监督管理总局局务会议审议通过了《婴幼儿配方乳粉产品配方注册管理办法》，自2016年10月1日起施行。从备案制转向注册制，婴幼儿配方乳粉行业准入门槛的提高将伪劣产品拒之行业外。

2018年12月对《中华人民共和国食品安全法》进行第一次修正。

2021年4月对《中华人民共和国食品安全法》进行第二次修正。

2023年2月22日，婴幼儿配方奶粉“新国标”正式实施，新实施的《食品安全国家标准婴儿配方食品》（GB10765-2021）《食品安全国家标准较大婴儿配方食品》（GB10766-2021）和《食品安全国家标准幼儿配方食品》（GB10767-

2021）三大标准，分别对适用于0～6月龄婴儿、6～12月龄较大婴儿和12～36月龄幼儿的配方食品提出了新要求。

配方注册和按药品管理

内容选自：《南方周末》

2016年颁布的一系列婴幼儿奶粉注册办法，让中国的奶粉监管毫无疑问地成为世界最严。在2016年12月中旬举办的2016中国特殊食品合作发展国际会议上，国家食品药品监督管理总局法制司副司长陈谞曾介绍，因为“特别重视”，新修订的《中华人民共和国食品安全法》将保健食品、特殊医学用途配方食品、婴幼儿配方食品等三大类食品明确为特殊食品，并专门增设了特殊医学配方食品和婴幼儿配方奶粉产品配方的注册制度，同时还明确了“按照药品的管理模式来加强对特殊食品的监管”的总原则。这两项注册制度已分别在2016年7月1日和10月1日起正式实施，未注册的只能退出市场。

同时，财政部在《跨境电子商务零售进口商品清单》有关商品备注说明中也指出，从2018年1月1日起，包括跨境电商零售进口在内，在中国销售的婴幼儿配方奶粉，必须依法获得产品配方注册证书。届时，获得产品配方注册证书的婴幼儿配方奶粉名单将在国家市场监督管理总局网站对外公布。私人代购的婴幼儿配方奶粉也将有具体数量限制，超限量的私人代购奶粉将必须执行配方奶粉注册。

新法规要求，“同一企业申请注册的同年龄段产品配方应当具有明显差异，并有科学依据证实，原则上每个企业不得超过3个配方系列9种产品配方”。因此，新配方必须提交与母乳数据的比对或相关营养学研究成果，还要做婴幼儿喂养试验，以体现“配方的科学性和安全性”——这意味着未来注册的婴幼儿奶粉品牌数将大大减少。

婴幼儿配方奶粉产品配方注册证书有效期为5年，2017年下半年第一批婴儿配方奶粉注册证书开始陆续发放，因此从2022年8月开始，各大乳品企业需要进行二次配方注册，即注册有效期延期。

2023年2月22日是新国标的正式实施日。乳品企业在进行配方注册的时候，还需要考虑产品配方要符合新国标的要求。市场监管总局2024年公布的数据显示，新国标实施一周年以来，共批准注册配方1127个，包括境内926个、境外201个，对441个配方不予注册或未通过审评。由于新国标对企业提出了更高要求，一些研发实力较弱或市场竞争力不强的企业主动退出婴幼儿配方奶粉行业，目前境内外共有约20家企业未提出或撤销注册申请，这也使得行业格局得以重塑。

@奶粉揭秘：全球只有中国大陆市售配方奶粉月月抽检，生产企业食品安全监督检查全覆盖。国家市场监督管理总局开发的“食安查”App已正式上线，消费者可在该系统自主查询相关食品2014年以来的抽检信息。

名称和标签也有要求

为了进一步规范婴幼儿配方奶粉产品标签标识，2021年国家市场监督管理总局发布了《关于进一步规范婴幼儿配方乳粉产品标签标识的公告》，对婴幼儿配方奶粉的标签规范提出了更高的要求。具体内容如下：

一、婴幼儿配方乳粉产品标签应当符合食品安全法律、法规、标准和产品配方注册相关规定，标识内容应当真实准确、清晰易辨，不得含有虚假、夸大、使消费者误解的文字、图形或者绝对化的内容。

二、适用于0～6月龄的婴儿配方乳粉不得进行含量声称和功能声称。适用于6月龄以上的较大婴儿和幼儿配方乳粉不得对其必需成分进行含量声称和功能声称，其可选择成分可以文字形式在非主要展示版面进行食品安全国家标准允许的含量声称和功能声称。

三、产品标签主要展示版面应当标注产品名称、净含量（规格）、注册号，可配符合食品安全国家标准要求且不会使消费者误解的图形，也可在主要展示版面的边角标注已注册商标，不得标注其他内容。

四、产品名称中有某种动物性来源字样的，其生乳、乳粉、乳清粉等乳蛋白来源应当全部来自该物种。使用的同一种乳蛋白原料有两种或两种以上动物性来源的，应当在配料表中标注各种动物性来源原料所占比例。

五、产品标签配料表中的复合配料应当严格按照食品安全国家标准的要求标注。如果某种配料是两种或两种以上的其他配料构成的复合配料（不包括复合食品添加剂），应在配料表中标示复合配料的名称，随后将复合配料的原始配料在括号内按加入量的递减顺序标示。

六、产品标签上的推荐食用量或喂哺量建议应当有科学依据，表述严谨，不得使用“必须”“严格”等字样。

七、行业协会等社会组织应当加强行业自律，引导和督促企业规范产品标签标识和宣传声称。任何组织或个人如发现涉及违反本公告或侵犯消费者权益的，可通过12315热线和全国12315平台投诉举报。

2016年3月14日，北京三元食品股份有限公司董事长常毅做客新华网2016全国两会特别访谈时表示，无论从体细胞数、蛋白质含量还是细菌总数上来看，中国婴幼儿奶粉质量都远超欧盟标准。常毅表示，当前我国婴幼儿奶粉整体发展水平可以与国际持平，奶粉产量与美国持平，具体的婴幼儿奶粉质量标准也已达到欧盟标准，但是消费者对于这个认知还需要一段时间。

奶粉抽检，不合格产品和不合格项目

国家市场监督管理总局定期会对婴幼儿配方奶粉进行抽检，结果会公布在国家市场监督管理总局网站上。近年来，婴幼儿配方奶粉质量安全形势持续保持稳定向好。2016年到2023年，我国婴幼儿配方奶粉全年国家监督抽检合格率分别为，2016年98.70%、2017年99.50%、2018年99.80%、2019年99.79%、2020年99.89%、2021年99.88%、2022年99.98%、2023年99.93%，不合格产品检出率大大降低。让我们来了解一下，近几年有哪些不合格项目和不合格产品被检出。

表 8-1　近年来婴幼儿配方奶粉抽检不合格项目

通报时间	产品名称	不合格食品具体情况
2024.06	×× 婴儿配方奶粉 （0～6 月龄，1 段）	阪崎肠杆菌污染
2024.06	×× 较大婴儿配方乳粉 （6～12 月龄，2 段）	铁含量不符合食品安全国家标准规定
2023.12	×× 较大婴儿配方奶粉 （6～12 月龄，2 段）	维生素 A 含量不符合产品标签标示要求
2023.12	×× 幼儿配方奶粉 （12～36 月龄，3 段）	叶黄素含量不符合产品标签标示要求
2023.11	×× 较大婴儿配方羊奶粉 （6～12 月龄，2 段）	硒、二十二碳六烯酸（DHA）含量不符合食品安全国家标准规定
2023.11	×× 婴儿配方乳粉 （0～6 月龄，1 段）	铁含量不符合食品安全国家标准规定

■ 不合格项目：阪崎肠杆菌，检出

阪崎肠杆菌是存在于环境中的一种条件致病菌，可能对0～6月龄婴儿，尤其是早产儿、低出生体重儿以及免疫力缺陷婴儿有较高健康风险。

《食品安全国家标准婴儿配方食品》（GB10765-2021）规定，阪崎肠杆菌（仅适用于供0～6月龄婴儿食用的配方食品）应不得检出。阪崎肠杆菌被检出的原因可能是生产原料中微生物控制欠佳、加工过程中关键控制点控制不足或生产加工过程卫生状况较差。

联合国粮食及农业组织及世界卫生组织认为，婴幼儿配方奶粉冲调、放置过程中阪崎肠杆菌有潜在生长的可能，消费者应注意婴幼儿配方奶粉冲调、放置的有关事项。

■ 不合格项目：铁，含量不符合食品安全国家标准规定

铁是人体不可缺少的矿物质元素之一，能够促进血红蛋白合成、促进骨骼发育、提高人体免疫功能。

《食品安全国家标准婴儿配方食品》（GB10765-2021）规定，在乳基配方粉中，铁的限值为0.10～0.36mg/100kJ；《食品安全国家标准较大婴儿配方食品》（GB10766-2021）规定，在乳基配方粉中，铁的限值为0.24～0.48mg/100kJ。铁的实际含量不符合相应标准的婴幼儿配方奶粉均为不合格产品。

■ 不合格项目：二十二碳六烯酸，不符合产品标签明示值

2023年10月，陕西省西安市安诺乳业有限公司生产的羚滋较大婴儿配方羊奶粉（6～12月龄，2段），其中二十二碳六烯酸（DHA）的检出值为1.38mg/100kJ。《食品安全国家标准婴儿配方食品》（GB10765-2021）规定DHA的限值为3.6～9.6mg/100kJ。《食品安全国家标准预包装特殊膳食用食品标签》（GB13432-2013）规定，营养成分的实际含量不应低于明示值的80%，并应符合相应产品标准的要求。很明显这款产品不符合国家标准。

消费者权益保障

中华人民共和国消费者权益保护法第八条规定，消费者享有知悉其购买、使用的商品或者接受的服务的真实情况的权利。消费者有权根据商品或者服务的不同情况，要求经营者提供商品的价格、产地、生产者、用途、性能、规格、等级、主要成分、生产日期、有效期限、检验合格证明、使用方法说明书、售后服务……作为消费者，购买进口奶粉时有权要求售卖方出具检验检疫卫生证书。如果无证书，则已经构成非法货品售卖，涉嫌走私。已经买到的且确认售卖方无卫生证书的，可以向海关、市场监督管理局、公安等部门举报，同时可以向法

院起诉要求赔偿。

广东一位妈妈在某商场买到几包无中文标签奶粉，向国家市场监督管理总局举报，当地市场监督管理局已立案。按照法律规定，这位妈妈可以去法院起诉退一赔十，但这位店主找到她，要求私了，并诚恳道歉，说还要被市场监督管理局处罚，自己不懂法云云。这位妈妈被说得心软，双方达成协议退一赔十，共赔偿7000余元，不再走诉讼程序。提醒妈妈们，如果在线下门店买到无中文标签的婴幼儿食品，可以理直气壮地要求赔偿，并积极向监管机构举报！

跨境电商的实体店销售无中文标签婴幼儿配方奶粉，只要你们愿意搭上一点儿时间成本打官司，退一赔十百分之百胜诉。因为按法律规定，跨境电商的实体店只能展示不得销售。根本不用担心报复或母婴店不支付赔偿金问题，拿到判决书等对方上诉或判决书生效，母婴店不支付就再去法院要求强制执行。

奶粉的正确喂养方法

婴儿生长发育的营养来源是母乳或者配方奶粉，除了了解奶粉的营养，学会正确选购奶粉，掌握正确的喂养知识对宝宝来说也是一件相当重要的事情，需要注意很多的小细节。

冲奶粉，什么水更适宜

《中国中医药报》曾发表过一篇湖北省武汉市中心医院肖艳萍的署名文章，称有1岁多的宝宝突然血尿，到医院一查，被告知与长期给宝宝用矿泉水冲奶粉有关。武汉市中心医院妇产科主任医师熊国平认为，矿泉水所含的矿物质是针对成人标准设计的，其含量和比例并不适合婴儿。若婴儿长期大量饮用，会增加肾脏负担，严重的会造成血尿的出现，加大患肾结石的风险。而且，矿泉水中的某些元素，对婴儿是有害的。熊国平还表示，长期用矿泉水冲的奶粉喂养宝宝，还可能会造成宝宝消化不良、食欲不振及便秘等，同时会阻碍牛奶的营养吸收。宝宝饮用含钠高的矿泉水，对脑部发育也会造成影响。他认为，家庭常用的纯净水也不适宜冲奶粉，因为纯净水不仅不含任何微量元素，在被排出体外时，还会把人体内部分有益矿物质和微量元素带走。因此，不管是冲奶粉，还是直接喝，最好用普通的自来水，煮沸、放凉使用。那么到底应该用什么样的水冲奶粉呢?

■ 冲奶粉的水，对小婴儿更重要

首先我们也要区分不同的婴儿。对于6月龄以上的婴儿，特别是1岁以上的幼儿，已经开始吃辅食，不管是母乳、配方奶粉还是辅食，营养素的含量都不是一成不变的，而是在一定的范围内变化。婴幼儿对食物中的各种营养素含量是有一定的耐受范围的。因此冲奶粉用的水，只要卫生条件合格，且矿物质含量别太高，一般都是可以使用的。避免喝那些矿物质含量超高的苦味矿物质水即可。

而对于6月龄以内的婴儿，奶是其唯一的营养来源。不论是母乳喂养还是配方奶喂养，正常情况下都不需要额外喝水。这时候，冲奶粉所用的水就相对比较重要了。因此，下面的内容主要是针对6月龄以下的婴儿。

■ 用什么水冲奶粉，国外怎么说

关于该用什么水冲奶粉的问题，并不只是中国的父母想知道，国外的父母也有一样的疑问。欧盟食品安全局曾在2005年发布过一份关于如何冲调奶粉的卫生建议，其中有一段是关于如何选择冲调用水的。考虑到欧盟饮用水的卫生情况，他们认为并不需要把水煮开。对于在家里冲调配方奶，建议如果自来水矿物质含量可以满足适合婴儿的瓶装水的相关标准的话，可以使用自来水。同时还需要注意在拧开水龙头之后先让水流几秒钟再接，而且只用冷水，不要用热水管里的水，因为水管中水温超过25℃可能会增加水中微生物和矿物质的含量。除此之外，还要定期清洁水龙头及周围环境。不建议使用滤水壶或者其他家庭滤水装置过滤过的自来水，因为这有可能会造成水中微生物超标。

若不能满足上面这些要求，欧盟食品安全局推荐使用瓶装水冲奶粉。适合婴儿的瓶装天然矿泉水或者泉水都可以。当没有合适的饮用水或者瓶装水可用时，再考虑使用煮沸后冷却的水。

那么适合婴儿的瓶装水需要满足什么指标呢？法国食品卫生安全局2003年发布过相关的关键指标要求。一种瓶装水要想获得适合婴儿使用的资格，除了要满足饮用水的卫生标准，还必须满足包括从矿物质含量、重金属含量到微生物指标甚至包装材质等一系列指标。比如，其中要求（非全部）硫酸盐含量不超过140mg/L、钙含量不超过100mg/L、镁含量不超过50mg/L、氟含量不超过0.5mg/L。同时法国食品卫生安全局还认为有必要提醒消费者，长期大量使用硫酸盐含量超过140mg/L、氟含量超过0.5mg/L的自来水，会对婴儿健康带来风险。

当然，也有不同的声音。比如英国国民卫生服务局（NHS）在其网站上就建议，除非当地水源污染或者在国外旅游而当地水源不适合饮用，否则不要使用瓶装水，因为瓶装水没有灭菌，而且钠和硫酸盐含量可能会过多。他们建议如果要使用瓶装水，需要注意钠含量低于200mg/L，且硫酸盐含量不超过250mg/L。并且不论是用瓶装水还是自来水，都要把水烧开至少70℃以上。

■ 具体到中国，应该如何选

我们不妨先看看这几种水各自遵循什么国家标准。

平时大家说的自来水，也就是生活饮用水，相应的国家标准是GB5749-2006。国家标准主要是限定了一些微生物、重金属，以及部分矿物质等指标。其中规定溶解性总固体含量不得超过1000mg/L，硫酸盐不超过250mg/L。

瓶或桶装饮用纯净水则要求用符合生活饮用水标准的水为原料，经过适当的方法，去掉其中的其他物质，可以认为是几乎不含其他矿物质的水，其相应的国家标准是GB17324-2003。

而平时大家喝的矿泉水则需要符合饮用天然矿泉水的国家标准GB8537-2008。矿泉水不需要符合生活饮用水对矿物质含量的限定，不同矿泉水的矿物质含量则可能会差别比较大。

考虑到中国幅员辽阔，各地自来水水质差异可能比较大。因此，很难一概而论地说自来水是否适合冲奶粉。如果当地自来水水质比较硬，所含矿物质比较多，个人又无法得知具体矿物质的含量，恐怕还是用瓶装水更合适一些。若要用自来水，也一定要先烧开放凉后再使用。

如果选用瓶装矿泉水，大家可以根据具体产品标签上标注的各种矿物质含量进行选择。比如可以综合法国和英国的标准，选择硫酸盐不超过140mg/L、钙含量不超过100mg/L、镁含量不超过50mg/L、氟含量不超过0.5mg/L、钠含量低于200mg/L的大品牌合格产品。

一些家长除了担心矿泉水矿物质太多不适合婴儿外，还怕纯净水里面缺乏矿物质造成婴儿营养不良。实际上，婴儿配方奶粉已经含有足够的包括各种矿物质在内的营养素了，其自身就可以满足6月龄以内婴儿的营养需求。因此，使用合格的纯净水来冲奶粉完全可以，并不会造成婴儿营养不良。

至于那种小区自己过滤的水，或者是在小区售卖的来源不甚明确的大桶水，出于安全考虑最好不要给婴儿冲奶粉用。如果要用的话，也一定要先烧开。

为宝宝冲奶粉，40°C水还是70°C水？

在无法进行母乳喂养的时候，配方奶粉无疑是新手父母们的最优选择，所以即使冲奶粉，也是很重要的大事。经常能在微博上看到有人转发WHO发布的关于如何冲调配方奶粉的指导文件，称婴儿配方奶粉应该用70℃以上的水冲调，以便于消灭奶粉中的有害细菌。这让很多正在使用配方奶粉的年轻妈妈们困惑了，之前不是一直说要用40℃左右的温水冲调吗？奶粉罐上不也是一直这么建议的吗？用那么高的温度，会不会破坏掉奶粉里的营养物质呢？

■ 70°C，为了降低阪崎肠杆菌风险

要说这事还得从阪崎肠杆菌说起。阪崎肠杆菌算是一种发现较晚的细菌，直到1980年，才被发现并命名为阪崎肠杆菌，以纪念日本微生物学家阪崎利一在微生物分类学上所做的贡献。阪崎肠杆菌对于两个月以内的婴儿最为危险，尤其是对于那些早产儿、低体重儿以及免疫力受损的婴儿，这种细菌可以引起婴儿菌血症或者脑膜炎。婴儿一旦感染这种病菌，死亡率会非常高，有数据显示在40%～80%之间。好在阪崎肠杆菌感染发病率并不高，根据WHO2006年来自美国的数据，大约每10

万名婴儿才有1例。

从1958年到2006年，人们发现大约有70例有据可查的感染是由阪崎肠杆菌引起的，而且自1986年以来，绝大多数感染都是由于使用了被阪崎肠杆菌污染的婴儿配方奶造成的。1988年的一项针对来自35个不同国家的141份婴儿配方奶的调查更是发现，其中半数以上的样品中都发现了阪崎肠杆菌。而这141份样品中却没有发现沙门菌（另一类对婴儿十分危险的细菌）。这是为什么呢？原来，那个时候所用的是1979年制定的《国际婴幼儿食品卫生规范法典》，其中针对沙门菌进行了严格的规定：要求采样60份每份25g的样品均不含沙门菌。而由于阪崎肠杆菌发现较晚，并没有单独针对它的规定，而是将其分到了大肠杆菌一类：即5个样品中每克产品小于3个细菌，且允许其中一个样品细菌数超过3个但不能超过20个。

在汇总了这些年的数据后，FAO和WHO觉得是时候修订一下二十多年前的老法典了。他们分别在2004年和2006年开了两个会，评估阪崎肠杆菌的危险。由于当时的法典尚未对企业生产的配方奶中阪崎肠杆菌含量做出严格规定，于是他们首先提出了一套针对不同环境下冲调和使用婴儿配方奶的指导原则，以便让医务人员和婴儿父母参考，以尽量降低婴儿感染阪崎肠杆菌的风险。

配方奶被阪崎肠杆菌污染主要有两个来源：一是奶粉本身就含有少量阪崎肠杆菌；二是通过周围的环境和被细菌污染的器具或者双手进入配方奶。因此，FAO和WHO提出的这一指导原则强调了冲调过程中保证卫生的重要性。在这一系列的关于如何卫生地冲调和使用婴儿配方奶的建议中，有一条就是建议用不低于70℃的水冲调。而正是这一建议，让很多年轻父母迷惑不解。

实际上，人并不是一接触到细菌就会立刻被感染，而是只有当接触到了一定数量的细菌才会被感染。如果配方奶中含有少量阪崎肠杆菌，在冲调过程中又使用了40℃左右的温水，而且冲调后又没有立即给婴儿喝，而是放置了一段时间，那么配方奶中的少量阪崎肠杆菌就会趁此机会大量繁殖。婴儿喝了这样的配方奶，就很可能会感染阪崎肠杆菌。

FAO和WHO的专家委员会研究发现，如果用70℃的水冲调配方奶，由于这一温度足以杀灭配方奶粉中残存的少量阪崎肠杆菌，那么这样冲调的配方奶即使在不同条件下放置较长时间，依然可以大幅降低感染风险。而如果用40～50℃的水冲调，若放置时间太长，则会明显增加感染风险。专家委员会当然也考虑到了较高的水温可能会破坏配方奶中的一些营养物质。他们调查了一份针对4份奶粉样品的研究，发现在这4份样品中，维生素C是唯一一种会受高温冲调影响的营养素。不过即使损失掉一些，剩下的维生素C含量也都高于《国际婴幼儿食品卫生规范法典》要求的最低标准。

■ 70°C还是40°C，取决于卫生条件

那么是不是以后就要用70℃以上的水冲调奶粉呢？这个问题还真不好回答。

首先，2008年FAO和WHO的专家委员会已经发布了修订版

的《国际婴幼儿食品卫生规范法典》。在新的法典里对配方奶粉中的阪崎肠杆菌含量进行了严格的规定：30份、每份10g的样品中不得检出阪崎肠杆菌。中国现行标准与之类似，是3份每份100g的样品中不得检出。也就是说，以前的配方奶中对阪崎肠杆菌要求很低，因而可能会有少量阪崎肠杆菌存在于奶粉中。而现在已经与往日不同，合格的奶粉中可以认为是不含阪崎肠杆菌的。

其次，针对热水对奶粉中营养素的影响，只有一份研究数据，且仅仅研究了4 份婴儿配方奶粉。由于样本量太少，可能难以代表市面上的众多配方奶粉。有可能一些奶粉中的热敏感维生素实际含量并没有富余太多，长期用热水冲调可能会使得配方奶中的维生素含量达不到标准。另外，对于那些添加了益生菌的配方奶粉，用如此高的温度冲调，基本上在杀死可能存在的阪崎肠杆菌的同时，也顺道把益生菌给消灭了。除此之外，婴儿配方奶粉的生产工艺和质量控制都是按照其奶粉罐上标注的冲调方法来设计的。如果用70℃的水，有可能会导致一些奶粉产生凝块，影响使用。按照奶粉厂商提供的冲调说明进行操作更稳妥一些。如果哪天奶粉罐上标识的是用70℃的水冲调了，那自然就可以放心用70℃的水了。需要注意的是，这只是冲调温度，冲调后还是要放温了才能给婴儿喝。

鉴于合格且妥善储存的奶粉是不含有阪崎肠杆菌的，如果父母在冲调奶粉的过程中，注意清洗双手，对器具进行高温消毒，同时注意先将水烧开再密闭冷却到合适的温度，并且冲调好后尽快给宝宝喝，那么就可以在很大程度上保证配方奶的安全。如果能做到这些，还是按照奶粉罐上的冲调说明来冲调配方奶更好一些。

当然也不能说FAO和WHO 的这一指导原则没有用处。毕竟就算合格的奶粉中不含阪崎肠杆菌，由于阪崎肠杆菌可能存在于周围环境中以及饮用水和一些食物中，如果打开的奶粉保存不善，或者冲调的环境难以保证卫生，配方奶就有可能会被阪崎肠杆菌污染。在这种情况下，用70℃的水冲调，则相对更保险一些。

结论：是否用70℃的水冲调奶粉，需要根据实际情况来判断。如果合格且妥善储存的奶粉在冲调时注意手和器具的卫生，冲好后尽快饮用，那么用奶粉罐上建议的40℃来冲泡更好。如果做不到前面这些，那么用70℃以上的水冲泡奶粉更安全。

奶粉不能冲得太淡也不能冲得太浓：合理控制配方奶粉的渗透压

渗透作用是自然界普遍存在的现象，当两种不同浓度的溶液被只允许溶剂分子通过、不允许溶质分子通过的半透膜隔离时，水分子可以自由通过半透膜（动物的细胞膜、膀胱膜、毛细血管壁是天然的

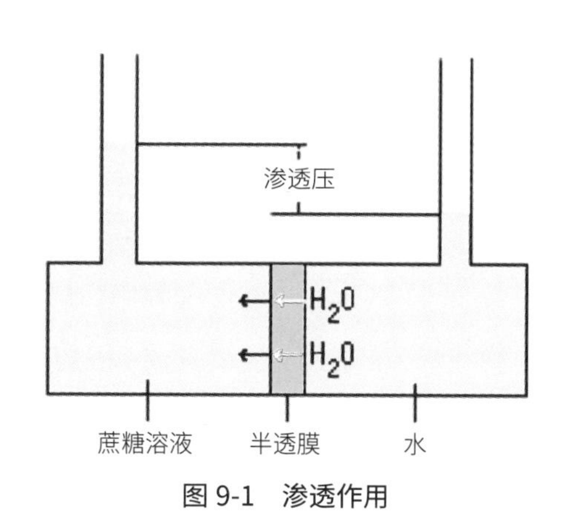

图 9-1　渗透作用

半透膜），当膜两侧单位体积内的水分子数目不等时会发生渗透现象。为了阻止水分子向溶液中渗透，向半透膜另一侧溶液液面施加的压力就是该液面的渗透压。

医学上把溶液中能产生渗透效应的溶质粒子统称为渗透活性物质，包括蛋白质、矿物质、糖类等。氯化钠与葡萄糖属于低分子晶体物质，这些物质在血浆中产生的渗透压叫晶体渗透压；而蛋白质与肽属于高分子胶体物质，在血浆中产生的渗透压叫作胶体渗透压。人体血液中的渗透压主要受胶体渗透压的影响，但对血液总渗透压影响更大的是晶体渗透压。

■ 高渗透压、高能量的配方奶粉可引起肾脏损伤

母乳中的营养物质是从母体血液中获得，所以血液渗透压决定了母乳渗透压。根据文献记载，母乳渗透压平均约为290mOsm/kg H_2O。由于牛乳中的蛋白质、钠、钾、磷等物质含量高于母乳，渗透压必然比母乳高，配方奶粉中的重要原料乳清蛋白必须经过脱盐工序就是为了使其接近母乳渗透压。

已有研究证明，用高渗透压、高能量的配方奶粉喂养宝宝会引起肾脏损伤。

配方奶粉在生产加工时会科学确定溶液比例，以使奶液的渗透压最大化接近母乳，并均会在包装重要位置做醒目提示。未严格参考配方奶粉说明的比例冲泡奶粉，可能造成的结果就是过浓或者过淡。长期摄入过淡的配方奶液会使婴儿蛋白质、矿物质摄入不足，导致婴幼儿营养不良；而长期摄入过浓比例的配方奶液，由于婴幼儿消化系统和肾功能发育不足及渗透压

的原因，将会对婴儿消化系统与肾脏功能造成巨大损伤。

北京大学公共卫生学院的实验证明，高渗透压配方奶液促进肾结石形成的主要原因是无机盐含量的增加。中国《企业生产婴幼儿配方乳粉许可条件审查细则（2013）》规定，生产0~6个月龄的婴儿配方乳粉，应使用灰分小于等于1.5%的乳清粉或者使用灰分小于等于5.5%的乳清蛋白粉，主要原因之一就是为合理控制配方奶渗透压。

奶粉储存这样做

罐装奶粉的储存南方和北方地域不同，方法也不同，共同点是都要放在阴凉、避光、干燥处。而且要尽量放在高处，避免被宝宝碰倒打翻。北方春秋风沙较多，还应该在在罐外套一层密封袋；南方建议买大于奶粉罐的密封桶，将奶粉罐整个放入，避免潮湿空气污染奶粉。袋装奶粉开袋后应直接将整袋放入密封盒后储存。

奶粉中高蛋白质注定成为昆虫的温床，储存环境中只要有大米、花生、豆类等易生虫食品，奶粉生虫概率将进一步增加。奶粉中发现活虫99%是消费者开罐后储存环境有问题，1%是漏罐后物流仓储环境中污染，但后者购买时肉眼就可观察到。奶粉生产罐装过程中没有任何可能会被活虫污染，发现生虫奶粉，切勿给宝宝喂食。

如果你买了袋装奶粉，每次使用完毕可以将整个袋子放入密封盒内，不宜将奶粉直接倒入密封盒，每次取用可能会造成大面积污染，密封性再好也是枉然。每次使用前后均需妥善密封储存，不要将奶粉放入冰箱，不要将奶粉放在厨房，不要多人使用。除正确储存外，切记奶瓶消毒与水源安全。

如何转奶换牌子？

经常有妈妈私信我，说母婴店店员说经常更换奶粉品牌对宝宝好。这种为了营销拿别人家宝宝做奶粉试验品的脑残论调在许多母婴店传递。再次提醒各位妈妈，低龄宝宝最好不要频繁更换奶粉。由于配方差异，每次更换对宝宝胃肠都有损伤风险。无论是原装进口奶粉还是海外奶粉，一旦吃了就不要轻易更换，宝宝健康安全第一。

几乎所有市售奶粉厂商都会在罐体明确标示转奶步骤，由于配方差异，6月龄以下宝宝直接更换不同品牌奶粉导致腹泻的情况屡见不鲜。我们不仅需要严格按照奶粉厂商建议的比例冲调，还需要严格按照厂商的建议转奶。

假日出行，保证喂养安全

节假日，带孩子出游、回老家在所难免，但是“出行这段时间，孩子吃什么？怎么吃？”是困扰很多哺乳妈妈的问题。下面几点，希望对你有所帮助。

请牢记第一条，长途旅行，对宝宝来说最安全的食物是母乳。超过1岁的宝宝，在不方便使用配方奶粉的环境下，可使用市售常温奶替代。混合喂养与人工喂养的1岁以下宝宝，如果使用配方奶粉喂养，必须高度关注以下几点：

1. 长途出行，不要使用分奶盒，将配方奶粉罐体整个装入随身携带的行李的最上层，在罐体外加套一个保鲜袋或密封盒（保鲜袋一日一换），不要托运。计算好出行日期，带够足量、最好是超量的配方奶粉。

2. 在外部环境下冲泡奶粉，必须保证水质安全。在不确定水质时，可选择购买合适的瓶装水加热至合适水温直接冲泡（无需烧开放凉）；在无法自行加热的环境，可选择使用合适的瓶装水添加开水至合适水温冲泡。

3. 由于国内许多地域水质不同，请尽量使用合适的瓶装水烧开放到适当温度冲泡。

4. 每次取用奶粉后立刻盖好，并再次将罐体整个放入保鲜袋或密封盒中，然后再放置在干燥通风处，不要放入冰箱。

5. 回家后如果需要家人代劳，必须将奶粉与水冲泡比例提前再三告知，避免奶粉冲泡过浓或者过淡。

6. 保证奶瓶奶嘴消毒，每次冲泡奶粉前洗净双手。

7. 尽量避免多人操作奶粉冲泡，固定一两人操作并随时沟通信息。

8. 营养保障，安全第一。

9. 每次冲泡后未食用完配方奶液全部倒掉，避免被手闲人用来逗弄宝宝。

10. 自驾车出行，无论距离远近，一定给宝宝使用儿童安全座椅，不要让宝宝坐在前排副驾驶位，更不要怀抱宝宝坐车出行。

配方奶粉的安全使用

婴幼儿奶粉安全五要素包括原料安全、生产安全、第三方监管安全、物流安全、使用安全，其中使用安全是家长最为可控的。但是几乎所有的家长都会犯这样那样的错误，比如奶瓶奶嘴不消毒、使用非安全水源、随意增加减少奶粉或水量、使用完毕不及时清理、未使用完奶液继续使用或混用、完全忽略水温、两种甚至两种以上奶粉混用、换奶粉未严格转奶的、使用后不及时密封奶粉罐的等。有为数不少的宝宝细菌性腹泻是因为家长忽视奶粉与辅食的使用安全人为导致的。

那么婴幼儿配方奶粉的安全使用应该注意哪些问题呢？

1. 确保所有用来冲调配方奶粉或者用来喂婴儿的奶瓶、奶嘴和其他器具洁净。

2. 确保奶粉按照配方说明比例冲调。

3. 提前冲调好的配方奶都必须放进冰箱冷藏，以减少细菌繁殖。如果冷藏24小时内还没有给婴儿食用，应该立即倒掉。冷藏过的奶应用温水迅速回温，或者放在热水中加热。喂前可以将奶液滴洒在手腕内侧试试温度。

4. 配方奶粉使用后及时密封，阴凉处保存。

2015中国孕产妇及婴幼儿补充DHA 的专家共识

二十二碳六烯酸（ docosahexaenoic acid，DHA）是脂肪酸家族一员，属n-3长链多不饱和脂肪酸（long-chainpolyunsaturated fatty acids，LCPUFAs）。研究显示，妊娠期和哺乳期 DHA 营养状况与母婴健康关系密切。为指导孕产期临床保健实践，联合国粮农组织（Food and Agriculture Organization of the United Nations，FAO）专家委员会等国际学术组织在评阅大量文献基础上形成了 DHA 补充的相关共识。与发达国家相比，中国对 DHA 研究相对滞后，迄今未见中文版共识。为此，中国孕产妇及婴幼儿补充 DHA 共识专家组结合中国人群研究证据，在参考国际共识基础上，形成了此专家共识，以期促进中国医务人员重视母婴 DHA 营养、规范营养指导，提高母婴健康水平。

一、DHA 的生物学特性和功用

DHA 作为一种 LCPUFAs，是细胞膜重要成分，富含于大脑和视网膜，与细胞膜流动性、渗透性、酶活性及信号传导等多种功能有关。机体缺乏 DHA 会影响细胞膜稳定性和神经递质传递。在体内 DHA 可通过亚麻酸合成，但转化率低。人体所需 DHA 主要通过膳食摄取，主要来源为富脂鱼类。蛋黄也含有较高 DHA，而且相对易于获得。其他来源还包括母乳、栽培海藻等。FAO 专家委员会指出，尽管 DHA 属非必需脂肪酸，可由 α-亚麻酸合成，但因其转化率低且对胎婴儿脑发育和视网膜发育至关重要，因此，对于孕期和哺乳期妇女而言，DHA 亦可视为条件“必需脂肪酸”。

二、方法

共识形成过程包括总结评估证据、研讨主要框架、撰写初稿、专家审查方案初稿、修改和完善初稿、专家信函修订、形成终稿、专家再修订并定稿。撰写初稿时，尽可能地借鉴已有的 DHA 共识和相关国际组织推荐，系统检索国内外研究证据，还参考了我国有关法律规定。英文文献主要源自 Pubmed 和 Cochrane 数据库，检索词包括 n-3 LCPUFAs，docosahexaenoic acid，pregnan，lactat，infant formula，depress，neurodevelopment，visual acuity，growth，immune，allergy 和 Infant sleep。中文文献主要源自万方数据库，检索词为长链多不饱和脂肪酸、二十二碳六烯酸、妊娠、哺乳、配方粉、抑郁、妊娠结局、认知、视敏度、免疫、睡眠，参照 2009 年英国牛津循证医学证据分级和推荐意见，对研究证据进行分类。

三、DHA 与母婴健康

1. 对妊娠结局和产后抑郁的影响

2012 年一项荟萃分析汇总了 15 项随机对照研究（randomized controlled trials，RCT），发现孕期补充 n-3 LCPUFAs 可使早期早产风险降低 26%，可使婴儿平均出生体重增加 42.2 g，但对婴儿出生身长和头围无显著影响。此前发表的荟萃分析纳入 6 篇 RCT，也发现孕期增补鱼油可延长胎龄 2.6 d，可使早期早产发生风险降低 31%。最近在美国堪萨斯城开展的 RCT（n = 350）发现，孕 20 周前每日补充 600mg DHA 直至分娩，可使胎龄延长 2.9d，出生体重增加 172g、出生身长增加 0.7 cm、头围增加 0.5 cm。综上，孕期补充 DHA 能够降低早期早产发生风险并适度促进胎儿生长。

2002 年一项生态学研究分析了 20 余国家海产品摄入量及母乳 DHA 含量与产后抑郁的相关性，发现海产品摄入量及母乳 DHA 水平与产后抑郁显著负相关，提示 DHA 水平偏低可能是产后抑郁的危险因素。最近一篇系统综述总结了 5 项 RCT 和 2 项预试验（pilot study）研究结果，其中 4 项 RCT 和 1 项预试验提示孕期和产后补充 DHA 不能改善产后抑郁症状，另 2 项研究则提示补充 DHA 能够改善产后抑郁症状。这 2 项研究的 DHA 补充剂量大于前 5 项研究。综上，DHA 与产后抑郁的因果关联有待证实，补充相对高剂量 DHA 的效果值得探究。

2. DHA与婴幼儿发育的关系

（1）神经功能发育

1992年一项关于死亡婴儿脑组织脂肪酸浓度的研究发现，孕中晚期至2岁期间，脑组织DHA浓度呈线性增加，而此阶段正是胎婴儿中枢神经快速发育关键期，提示DHA对胎婴儿神经功能发育可能有重要意义。随后观察性研究发现，孕妇孕期海产品摄入不足影响儿童智力、行为、精细动作等神经功能的发育。

2003年挪威的一项RCT发现，孕妇自妊娠18周至产后3个月每日补充鱼油（DHA含量1183mg/10ml）能显著提高其子女至4岁时的心理发育水平（Kaufman AssessmentBattery for Children测评）。2012年一项荟萃分析汇总了12项随机对照研究，发现n-3 LCPUFAs配方粉未能显著提高1岁左右婴儿认知发育水平（Bayley Scales of InfantDevelopment测评）。2013年Colombo等发表了基于RCT的随访研究，该项研究对参加RCT的62名0～12月龄期间服用不同含量的n-3 LCPUFAs配方粉儿童（DHA含量分别为0. 32%、0.64%和0.96%）和19名对照儿童自18月龄随访至6岁，发现n-3 LCPUFAs能够提高3～5岁期间普通学习能力（Dimensional Change Card Sort测评），5岁时语言学习能力（Peabody Picture Vocabulary Test测评）和6岁时智力发育水平（Weschler Primary Preschool Scales of Intelligence测评），但不能改善18月龄时的语言、行为发育情况，也不能提高空间记忆（Delayed Response Task测评）和高级问题解决能力（Tower of Hanoi Task测评）。2008年一项荟萃分析探讨了 LCPUFAs 对早产儿神经功能发育的影响，发现 LCPUFAs 配方粉喂养的早产儿的智力发育指数（Bayley Scales of Infant Development Version-II 测评）优于对照儿童，但心理动作发育指数却不如对照儿童（ Bayley Scales of Infant Development Version-I 测评），作者认为这可能与评估工具版本不同或研究者评估偏性有关。欧洲食品安全局（ European Food Safety Authority，EFSA）专家委员会 2014 年刊文支持 DHA 在脑发育过程中的积极作用。综上，DHA 对婴幼儿神经功能发育方面有积极作用，但仍有较多科学问题需进一步探讨。

（2）DHA 与婴儿视觉发育

基础研究证实，DHA 占视网膜 n-3 LCPUFAs 总量的 93%，DHA 可增加视杆细胞膜盘的可塑性，易化胞膜弯曲性，以更好适应视紫质构象的改变。临床研究发现，孕期和婴儿期补充 DHA 与婴儿视觉发育有关。美国一项 RCT（n = 30）发现，孕 24 周至分娩期间补充 DHA（214mg/d）能显著提高婴幼儿视敏度。另一项 RCT 发现，使用含 DHA 配方粉喂养婴儿至生后 17 周和 52 周视敏度与母乳喂养婴儿相似，并显著优于不含 DHA 配方粉喂养婴儿。2010 年一项 RCT 证实，配方粉中添加占总脂肪酸 0.32% 的 DHA 可以有效提升婴儿视敏度，但添加更高剂量 DHA 并无额外获益。2011 年一项荟萃分析汇总了 9 项 RCT，4 项研究显示 LCPUFAs 能够提高足月婴儿视敏度，5 项研究未发现明显效益。EFSA[①]专家委员会 2009 年指出，“配方粉添加不

① EFSA：欧盟食品安全局

少于总脂肪酸含量 0.3% 的 DHA，有助于提高婴儿 12 月龄时的视觉功能发育水平。

（3）DHA 调节免疫功能

瑞典一项 RCT（n = 145）发现，有过敏史母亲自孕 25 周起每日补充 n–3 LCPUFAs（含 1.1g DHA］至哺乳期，能显著降低其婴儿食物过敏发生率和 IgE 相关性湿疹发病率。另一项基于 RCT（n = 523）的随访研究发现，母亲孕 30 周至分娩期间补充含 DHA 的鱼油，可显著降低子代从出生至 16 岁期间患过敏性哮喘的风险。Damsgaard 等开展的 RCT（n = 83）发现，婴儿 9 月龄至 12 月龄期间每日补充鱼油（DHA 平均 381mg/d）能显著提高 12 月龄干扰素水平，进一步提示 DHA 免疫调节功效。综上，DHA 在免疫功能调节方面的作用值得进一步研究。

（4）DHA 与婴儿睡眠

2002 年一项观察性研究发现，母亲孕晚期血浆 DHA 浓度与新生儿睡眠状态有关联，表现为 DHA 浓度高的母亲所生新生儿出生后活跃睡眠与安静睡眠之比更小，活跃睡眠时间少，睡眠质量更高。此后一项 RCT（n = 48）发现，孕 24 周至分娩期间补充 DHA （214mg/d）能显著减少新生儿睡眠惊醒次数。综上，DHA 有可能改善婴儿睡眠，但相关研究较少，值得进一步探讨。

四、补充 DHA 的安全性

综合现有研究证据，适量补充 DHA 是安全的。在 Carlson 等开展的 RCT 中，孕 20 周至分娩期间每日补充 600mg DHA，未观察到孕妇或新生儿与DHA相关的严重不良事件。FAO专家委员会以RCT未观察到不良作用水平（no observed adverse effect level in RCT）为依据，建议妊娠和哺乳期妇女摄人DHA上限为1g/d。中国卫生计生委2012年发布的《食品营养强化剂使用标准》，准许调制乳粉等添加来自藻类和金枪鱼油的DHA，且要求儿童用调制乳粉DHA占总脂肪酸的百分比≤0.5%。

五、中国母婴人群DHA营养状况

中国对DHA或LCPUFAs相关研究相对滞后。2004年一项膳食调查发现，中国孕妇群体DHA平均摄入量为11. 83~ 55. 30mg/d，内陆地区摄入量显著低于河湖和沿海地区。2011年一项有关成熟乳脂肪酸成分研究提示，沿海、河湖、内陆地区母乳中每100g脂肪酸DHA含量分别为0. 47g、0.41g和0.24g，内陆地区显著低于河湖和沿海地区。可见，中国DHA摄入水平和母乳DHA含量呈现明显地域差异。此外，有学者比较了全球9个国家母乳DHA含量，发现中国母乳DHA占总脂肪酸含量为0.35%，高于加拿大和美国（0.17%），但低于日本（0.99%）。目前，中国儿童DHA相关研究还较少，有待加强。

六、小结

专家组总结评估了国内外关于DHA研究的各项证据，参考目前国内外权威组织（FAO专家委员会/EFSA专家委员会/中国营养学会DRIs）相关推荐，对中国孕产妇和婴幼儿DHA摄入和补充形成如下共识：

维持机体适宜的 DHA 水平，有益于改善妊娠结局、婴儿早期神经和视觉功能发育，也可能有益于改善产后抑郁以及婴儿免疫功能和睡眠模式等。孕妇和乳母需合理膳食，维持 DHA 水平，以利母婴健康。FAO 专家委员会和国际围产医学会专家委员会建议，孕妇和乳母每日摄入 DHA 不少于 200mg。2013 年中国营养学会也提出相同建议。可通过每周食鱼 2 ~ 3 餐且有 1 餐以上为富脂海产鱼，每日食鸡蛋 1 个，来加强 DHA 摄入。食用富脂海产鱼，亦需考虑可能的污染物情况。中国地域较广，DHA 摄入量因地而异，宜适时评价孕妇 DHA 摄入量。若膳食不能满足推荐的 DHA 摄入量，宜个性化调整膳食结构；若调整膳食结构后仍不能达到推荐摄入量，可应用 DHA 补充剂。

婴幼儿每日 DHA 摄入量宜达到 100mg。母乳是婴儿 DHA 营养的主要来源，宜倡导和鼓励母乳喂养，母乳喂养的足月婴儿不需要另外补充 DHA。在无法母乳喂养或母乳不足情形下，可应用含 DHA 的配方粉，其中 DHA 含量应为总脂肪酸的 0.2% ~ 0.5%。对于幼儿，宜调整膳食以满足其 DHA 需求。特别应关注早产儿对 DHA 的需求。欧洲儿科胃肠病学、肝病学和营养学会建议早产儿每日 DHA 摄入量为 12 ~ 30mg/kg；美国儿科学会建议出生体重不足 1 000g的早产儿每日摄入量 ≥ 21mg/kg，出生体重不足 1 500g者 ≥ 18mg/kg。

中国母婴 DHA 摄入水平、营养状况和相关干预性研究的证据较少，亟待开展相关研究。

本书以下内容参考或部分使用了《中国日报》天津记者站、山东荣成检验检疫局、《中国国门时报》《南方周末》公开发表的文章，在此表示衷心感谢！请联系我们（liuning@bjkjpress.com），以便支付稿酬。

- 《奶粉，飘洋过海的 N 种方式》参考了《中国日报》天津记者站发布的有关内容
- 《海淘奶粉≠进口奶粉》参考了山东荣成进出口检验检疫局发布的有关内容
- 《如何辨别合法进口奶粉》部分内容选自《中国国门时报》
- 《配方注册和按药品管理》一文选自《南方周末》